野分《のわき(のわけ)》　入梅《にゅうばい》　花信風《かしんふう》
甘照雨《さはえ》　半夏生《はんげしょう》
夜明け《よあけ》　二百十日《にひゃくとおか》
暁《あかつき》　二百二十日《にひゃくはつか》
有明《ありあけ》　土用《どよう》
朝ぼらけ《あさぼらけ》　タイフーン
朝まだき《あさまだき》　颱風《たいふう》
夕《ゆうべ》　霾《つちふる》　雪風巻《ゆきしまき》
夕方《ゆうかた》　梅雨《つゆ》　青北風《あおきた》
夕まし《ゆうまし》　スコール
夕間(日)暮《ゆうまぐれ》　木枯し《こがらし》
茜空《あかねぞら》　空中楼閣《くうちゅうろうかく》
茜雲《あかねくも》　清川だし
内暈《うちがさ》　荒川だし
外暈《そとがさ》　羅臼だし《らうすだし》
光環《こうかん》　いぬいだし　六花《りっか》
景雲《けいうん》　ひがしだし　雪華《せっか》
五雲《ごうん》　追手《おいて》　乾風の八日吹き《あなしのようかぶき》
慶雲《きょううん》　追風《おいかぜ》　魂風《たまかぜ》
瑞雲《ずいうん》　帆風《ほかぜ》　鬼北《おにきた》
紫雲《しうん》　乾風《からっかぜ》　緑風《りょくふう》
主虹《しゅにじ》　凋風　色なき風《いろなきかぜ》
副虹《ふくにじ》　あなし　鎌風《かまかぜ》
霧虹《きりにじ》　あなせ　風鬼《かざおに》
御光《ごこう》　寒の内《かんのうち》　若葉寒《わかばさむ》
山の御光《やまのごこう》　鳥風《とりかぜ》

走り梅雨《はしりづゆ》　卯の花腐し《うのはなくたし》
薫風《くんぷう》　梅雨《ばいう》
吹越《ふっこし》　霜降《そうこう》
沫雪《あわゆき》　入梅《にゅうばい》
神鳴《かみなり》　栗花落《ついり》
雨乞《あまごい》　五月雨《さみだれ》
喜雨《きう》　五月晴れ《さつきばれ》
洗車雨《せんしゃう》　虹の神話《にじのしんわ》
半夏雨《はんげあめ》　白虹《しろにじ》
御山洗《おやまあらい》　水平虹《すいへいにじ》
秋霖《しゅうりん》　御来迎《ごらいごう》
時雨《しぐれ》
村時雨《むらしぐれ》　颪《おろし》　梅雨の中休み《つゆのなかやすみ》
山茶花梅雨《さざんかづゆ》　送り梅雨《おくりづゆ》
寒九の雨《かんくのあめ》　神渡《かみわたし》　空梅雨《からつゆ》
樹雨《きさめ》　垂氷　戻り梅雨《もどりづゆ》
私雨《わたくしあめ》　乾風《あなし》　夕立《ゆうだち》
外待雨《ほまちあめ》　玉風《たまかぜ》　肘かさ雨《ひじかさあめ》
怪雨《あやしきあめ》　村雨《むらさめ》
篠突く雨
天泣《てんきゅう》　雷雨《らいう》
作り雨《つくりあめ》　粉雪《こなゆき》
露《つゆ》　牡丹雪《ぼたんゆき》
結露《けつろ》　根雪《ねゆき》
露時雨《つゆしぐれ》　新雪《しんせつ》
露玉《つゆだま》　締雪《しまりゆき》
盆地霧《ぼんちぎり》　彩雲《さいうん》
都市霧《としぎり》　寒《かん》
忘れ霜《わすれじも》　セントマーチンの夏《セントマーチンのなつ》

流氷《りゅうひょう》　麦秋《ばくしゅう》　梅雨寒《つゆさむ》　真風《まじ》
夏至《げし》　海霧《うみぎり》　真夏日《まなつび》　南風《はえ》
粗目雪《ざらめゆき》　山霧《やまぎり》　熱帯夜《ねったいや》　山背《やませ》
花曇《はなぐもり》　谷霧《たにぎり》　油照り《あぶらでり》　日方《ひかた》
漏斗雲《ろうとくも》　川霧《かわぎり》　土用波《どようなみ》
頭巾雲《ずきんくも》　靄《もや》　残暑《ざんしょ》
霞《かすみ》　小春日和《こはるびより》
朧《おぼろ》　老婦人の夏《ろうふじんのなつ》
雪　インディアン・サマー
綿雪《わたゆき》　冬日《ふゆび》
風花《かざはな》　真冬日《まふゆび》
露霜《つゆじも》
鳥曇《とりぐもり》　セント・エルモの火《セントエルモのひ》
雪の華《ゆきのはな》　寒土用波《かんどようなみ》
仕舞い《あれしまい》　三寒四温《さんかんしおん》
風《はやて》　二十四節気《にじゅうしせっき》
風　立春《りっしゅん》
薄明《はくめい》　辻風《つじかぜ》　雨水《うすい》　幻日《げんじつ》
白夜《はくや》　茅流し《つばなながし》　啓蟄《けいちつ》　光冠《こうかん》
春一番《はるいちばん》　風巻《しまき》　春分《しゅんぶん》
東風《こち》　木の芽流し《きのめながし》　清明《せいめい》　氷の花《こおりのはな》
東の風《あゆのかぜ》　桜真風《さくらまじ》　穀雨《こくう》　御神渡り《おみわたり》
くだり　油真風《あぶらまじ》　立夏《りっか》　氷河《ひょうが》
出風《だしかぜ》　黒南風《くろはえ》　小満《しょうまん》　氷山《ひょうざん》
真艫《まとも》　荒南風《あらはえ》　芒種《ぼうしゅ》　海氷《かいひょう》
貝寄風《かいよせ》　白南風《しろはえ》
ホワイト・スコール

空の名前

空の名前

写真・文
高橋健司

角川書店

SORA NO NAMAE

Published by Kadokawa Shoten Publishing Co.,Ltd.

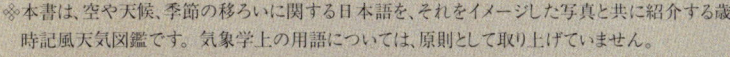

※本書は、空や天候、季節の移ろいに関する日本語を、それをイメージした写真と共に紹介する歳時記風天気図鑑です。気象学上の用語については、原則として取り上げていません。

※本書では392項目を取り上げて、その言葉に関する簡単な説明文を記しました。また、文中に登場する言葉で、特に紹介しておきたい言葉については、太字を用いて表記しました。(太字は、その言葉が最初に登場した箇所にのみ使用しています。また、項目を別に設けている言葉に関しては、文中での強調はしていません。)

※各項目は、雲の章、水の章、氷の章、光の章、風の章、季節の章に振り分け、各章の中では、内容の関連性に基づいて配列しました。検索にあたっては、巻末の五十音順索引をご利用ください。

※索引には各項目名と、文中、太字で表記した言葉を収録しました。

※本書には316点の写真を収録し、各章の内容を視覚的にイメージできるよう適宜配置しました。

※各項目の内容を具体的に示している写真については、原則としてその文章に隣接する位置にレイアウトしました。

※各項目の内容を具体的に示している写真のうち、見開き写真など、編集の都合上やむを得ず文章と写真を隣接できなかったものについては、その項目の文末に(　)として、写真掲載ページを記しました。

目次

造本装幀　吉川陽久　　レイアウト　北川晴美

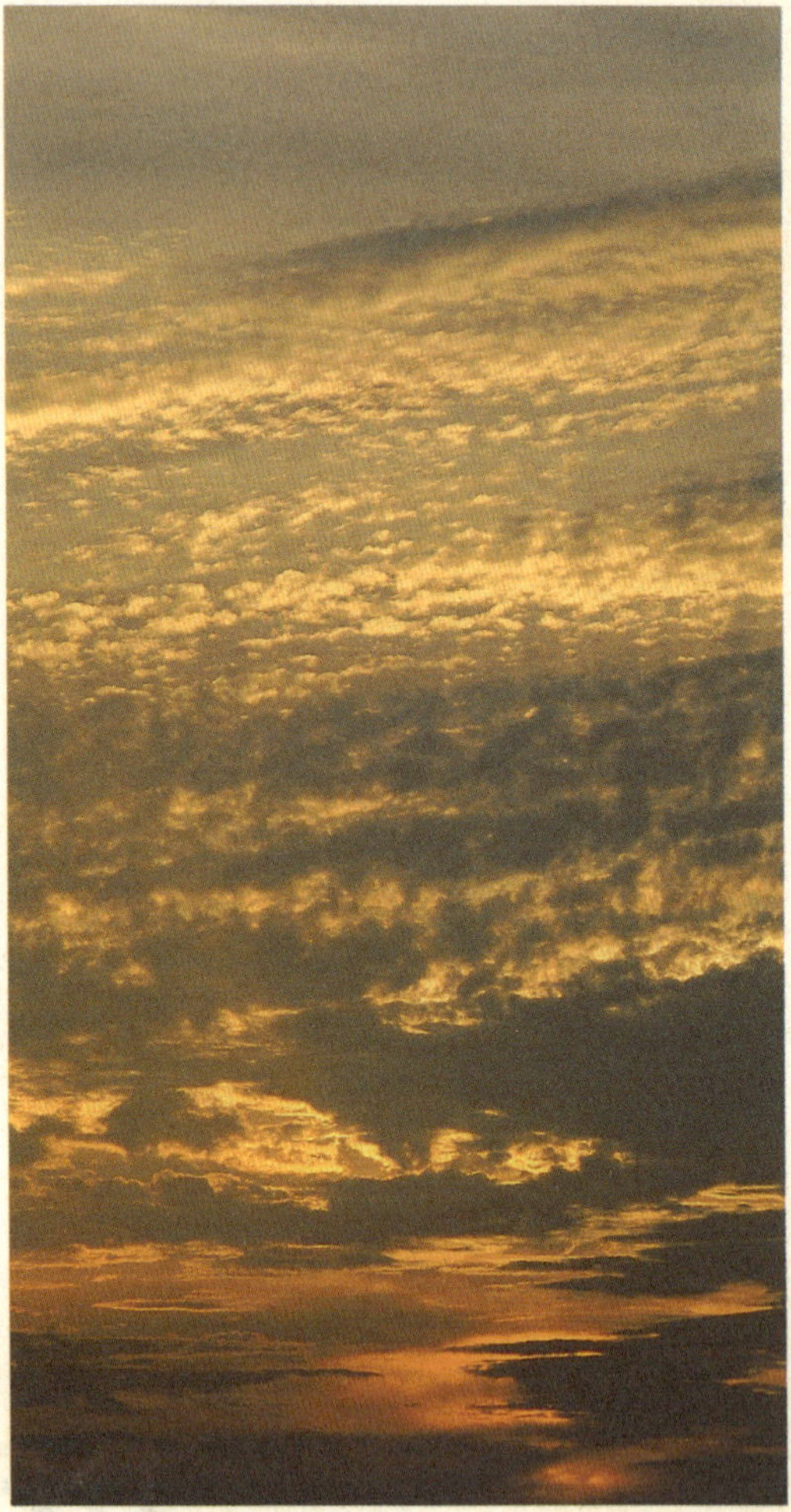

序章

気象学による雲の分類法

本書は気象学用語の紹介を目的としたものではありません。しかし、本章（1. 雲の章）で雲の俗称を紹介するにあたっては、その気象学上の分類法を知っていることが理解の大きな助けになると考え、序章として簡単な解説を設けることにしました。

雲の類

気象観測では、雲を基本形によって巻雲、巻積雲、巻層雲、高積雲、高層雲、乱層雲、層積雲、層雲、積雲、積乱雲の十類に分類します。これは一九五六年に世界気象機関が刊行した「国際雲図帳改訂版」を基準にしたものです。十の類の基本形を十種雲形、十種雲級といい、空に浮かぶ雲は総てこの中の一つに分類されます。

巻雲《けんうん》

刷毛で、さっと描いたような白い雲で、五千～一万三千メートルの空に現われます。白い筋や帯に見えるもの、釣針のようなもの、鳥の羽根や馬の尻尾を連想させるもの、ほつれた絹糸を思わせる形のものもあります。夕焼けの時は最後まで美しく輝きます。筋雲と呼ばれる雲です。

巻雲

巻積雲《けんせきうん》

さざ波のような、あるいは小石を敷きつめたような白い雲で、魚の鱗のように思えることから鱗雲と呼ばれます。巻雲や巻層雲が変化して出来ることが多く、長い時間姿を見せることはありません。また、大空いっぱいに広がるようなこともありません。

巻積雲

巻層雲《けんそううん》

薄雲ともいわれるように、白くて薄いヴェールのような雲です。巻雲、巻積雲と同じように氷の粒で出来ていて、この雲を透して太陽や月を見ると、その周囲に虹のような輪や弧、柱が見えることがあります。これを**日暈**《ひがさ》、**月暈**《つきがさ》と呼びます。

日暈　月暈

巻層雲

高積雲《こうせきうん》

雲の塊は巻積雲より大きく、陰影があります。薄い板状、丸味のあるもの、あるいはロール状のものなどがあり、白または灰色をしています。羊雲などの俗称があります。

よく現われる高さは二千～七千メートルで、この雲が太陽や月を隠すと、光冠が現われたり、彩雲といって雲の縁が美しく彩られることがあります。

高積雲

高層雲

高層雲《こうそううん》

空一面に薄い墨を流したような雲で、雲の底が波状になることがあります。この雲を透して太陽を眺めると、曇り硝子を透したように見えるため、朧《おぼろ》雲などの俗称で呼ばれます。

よく現われるのは雨や雪の前後で、雲底の高さは二千メートル位ですが、雲頂は七千メートル、あるいはそれ以上のことがあります。

乱層雲《らんそううん》

高層雲が更に厚くなり、雲底が低くなった雲で、太陽や月は完全に隠されてしまいます。雨や雪を降らせる代表的な雲で、雨雲、**雪雲**《ゆきぐも》と呼ばれます。

雲の高さは、底の方は二千メートル位ですが、雲頂は五千メートル、あるいはそれ以上のことがあります。

雪雲

層積雲《そうせきうん》

板状、あるいは丸味のある塊の雲が、層状または波状に浮かんだもので、畑の畝のように規則正しく並ぶことがあり、**曇**《くも》**り雲**《ぐも》、畝雲などの俗称があります。

雲の高さは二千メートル以下で、山で見る雲海の多くはこの雲によるものです。

曇り雲

層積雲

乱層雲

層雲《そううん》

いわゆる霧雲のことです。最も低いところに現われる雲で、地上すれすれから、高くとも二千メートル以下のところで見られます。白灰色で、ほぼ一様に浮かびムラがありません。雨上りの山や湖などでは早朝によく見られます。また、悪天の際、山に鉢巻状に現われるのも層雲です。

層雲

積雲《せきうん》

綿雲、積み雲と呼ばれます。晴れた日に、ぽっかりと浮び、底は平らで頭は丸味があります。雲の底の高さは二千メートル位ですが、雲頂は時には一万メートルを越すものもあり、このようなものは**雄大積雲**《ゆうだいせきうん》と呼びます。太陽の光を受けた部分は純白に輝きますが、陰の部分は暗くなります。俄雨を降らせることがあります。

雄大積雲

積雲

積乱雲《せきらんうん》

積雲が更に発達したもので、頭部が圏界面（対流圏と成層圏の境界面）に達して平らになった雲です。

この雲の下では激しい雨が降り、雷や雹《ひょう》を伴うことがあります。

積乱雲は夏の風物詩、と思われていますが、冬の日本海側の地方に豪雪をもたらすのも積乱雲です。

積乱雲

雲の種

雲の「類」の大部分は、雲形の特色と雲塊の組成によって更に「種」に分類されます。「種」は、毛状雲、鉤状雲、濃密雲、塔状雲、房状雲、層状雲、霧状雲、レンズ雲、断片雲、扁平雲、並雲、雄大雲、無毛雲、多毛雲の十四種です。つまり、一つの類は幾つかの種に細分される訳です。また、房状雲が巻雲や巻積雲、高積雲にも現われるように、一つの種が幾つかの類に共用されることもあります。

毛状雲《もうじょううん》

主に巻雲や巻層雲に現われます。

毛髪や繊維を思わせる筋のある、離ればなれあるいは薄いヴェールのような雲です。筋はほとんどまっすぐですが、多少不規則に曲っていることもあります。

鉤状雲《かぎじょううん》

雲の端が鉤のように曲っていて、コンマの形になっていたり、雲の一方の端が房状になった巻雲をいいます。鉤針を思わせる雲です。

濃密雲《のうみつうん》

巻雲の濃いものをいいます。巻雲の色は、ふつうは白ですが、濃密な巻雲を太陽の方向に見ると灰色がかって見えます。

毛状雲

鉤状雲

濃密雲

塔状雲

塔状雲《とうじょううん》

雲の頭部に、小さな塔のようなこぶが幾つか出来たものです。塔といえば日本の五重の塔が思い浮びますが、この場合の塔は、西洋のお城や城壁を思わせる形のものです。主に巻雲、巻積雲、高積雲、層積雲に現われます。

房状雲

房状雲《ふさじょううん》

巻雲、巻積雲、高積雲の雲の一つ一つが積雲状の小さな房のようになったものです。雲の底の部分が多少ちぎれて尾流雲になっていることがあります。

層状雲

層状雲《そうじょううん》

天空のかなり広い範囲を覆って水平に広がる雲です。主に高積雲、層積雲に現われますが、巻積雲に現われることもあります。

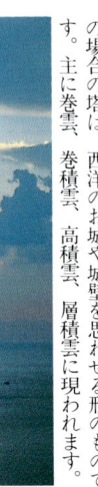

霧状雲《きりじょううん》

ヴェール状や薄い層状、あるいは霧のように霞んだぼんやりとした雲です。主に巻層雲、層雲に見られます。

レンズ雲《レンズぐも》

凸レンズを横から見た形の雲です。長く延びていることが多く、輪郭がはっきりしていて彩雲になることがあります。よく現われるのは上空の風が強い時で、主に巻積雲や高積雲、層積雲に現われます。

断片雲《だんぺんうん》

不規則に引きちぎられた形の雲で、ほつれた形をしています。層雲、積雲に現われます。

扁平雲《へんぺいうん》

鉛直方向の盛り上がりが僅かで、雲の形がほとんど平らに見える積雲をいいます。

霧状雲

レンズ雲

断片雲

扁平雲

並雲《なみぐも》

鉛直方向に中程度に盛り上がった積雲をいいます。雲頂にはモクモクと盛り上がった小さなこぶがみられます。

並雲

雄大雲《ゆうだいうん》

鉛直方向に著しく盛り上がった積雲で、上部はカリフラワーを思わせる形になります。いわゆる雄大積雲ですが、正式には積雲の類の雄大雲という種です。

雄大雲

無毛雲《むもううん》

積乱雲の頭部の幾つかのこぶが輪郭を失い始めながらも、まだはっきりと羽毛状にはなっていない雲をいいます。

多毛雲《たもううん》

頭部が繊維状、あるいは筋状になった積乱雲のことで、乱れた毛髪を思わせます。全体の形は朝顔や鉄床《かなとこ》に見えます。

無毛雲と多毛雲

雲の変種

気象学上、雲塊の配列や透明度の違いは変種に分類します。肋骨雲、もつれ雲、波状雲、放射状雲、蜂の巣状雲、二重雲は雲塊の配列による分類、半透明雲、隙間雲、不透明雲は雲の透明度による分類です。

一つの雲は、異なる変種の名前を幾つかもつことがあり、また、変種によっては幾つかの類にまたがって存在するものもあります。

肋骨雲

肋骨雲《ろっこううん》

まっすぐに延びた雲に、直交する波状の雲があると、あたかも肋骨や魚の骨のように思えることから名付けられました。主に巻雲の変種です。

もつれ雲

もつれ雲《もつれぐも》

巻雲のうち、雲の筋が非常に不規則に曲っていたり、もつれたようになったものをいいます。白い絹糸がもつれているように見える雲です。

放射状雲《ほうしゃじょううん》

平行に並んだ雲の帯が拡げた扇の骨のように放射状に見えるものです。放射状に見えるのは、まっすぐに延びる鉄道のレールの先の方が、一点に集まっているように見えるのと同じ理由です。主に巻雲、高積雲、高層雲、層積雲に現われます。

蜂の巣状雲《はちのすじょううん》

比較的薄い雲に、多少規則的に分布した丸い穴が空いているものをいい、穴が縁どられているためちょうど蜂の巣を思わせます。主に巻積雲や高積雲に現われ、稀に層積雲にも現われます。

波状雲《はじょううん》

海岸に寄せる波を思わせるような雲で、波の一つ一つが、たくさんの小さな雲の塊のこともあります。主に巻積雲、巻層雲、高積雲、高層雲、層積雲、層雲に現われます。

波状雲

放射状雲

蜂の巣状雲

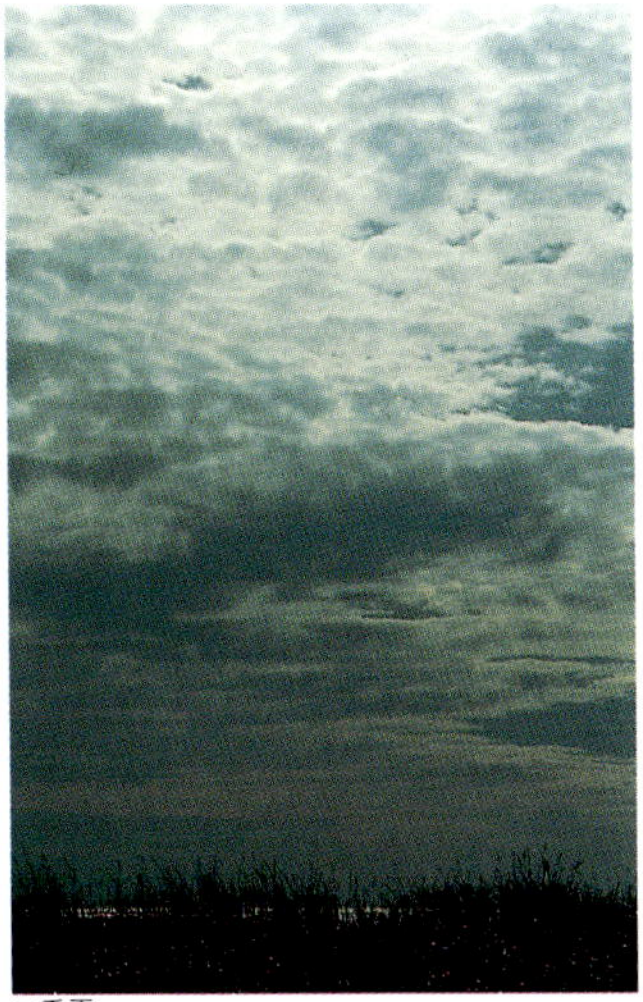

二重雲

二重雲《にじゅううん》

同じ類に分類される雲が、形状や色を変えて、僅かな高さの違いで重なっているものをいいます。巻雲、巻層雲、高積雲、高層雲、層積雲に現われ、特に悪天の際によく見かけます。

半透明雲《はんとうめいうん》

その雲の大部分で、太陽や月の位置が判るくらいに薄い半透明な雲です。高積雲、高層雲、層積雲、層雲に現われます。

隙間雲《すきまぐも》

かなり広い範囲に広がった雲の層の中に、はっきりとした隙間があちこちにあるものをいいます。高積雲や層積雲に現われ、隙間から青空や、太陽、月、星が見えます。また、更に高い所を流れる雲が見えることもあります。

不透明雲《ふとうめいうん》

その雲の大部分で、太陽や月の位置が判らないくらい厚くなっている雲です。高積雲、高層雲、層積雲、層雲に現われます。

半透明雲

隙間雲

不透明雲

雲の副変種

気象学では鉄供雲《かなとこぐも》、乳房雲《にゅうぼううん》、尾流雲《びりゅううん》、降水雲、アーチ雲《ぐも》、漏斗雲《ろうとぐも》を、「部分的に特徴のある雲」といいます。また、頭巾雲《ずきんぐも》、ヴェール雲、ちぎれ雲といった雲を、母体(母雲)に「付随して現われる雲」といいます。これらはいずれも雲の副変種に分類されます。

鉄床雲《かなとこぐも》

積乱雲の頭の部分が鉄床の形になったものをいいます。鉄床とは鍛冶場で金属を鍛える台で、これを横から見た形に似ているためです。最近は鉄床を見る機会はありませんので想像しにくいと思いますが、電車のレールの断面のような形、といえなくもありません。

朝顔雲

朝顔の花を横から見た形のものは**朝顔雲《あさがおぐも》**といいます。

鉄床雲

乳房雲《にゅうぼううん》

雲の底に丸味があって、それがこぶのように垂れ下がったものです。ちょうど牛の乳房のようなのでこのように名付けられました。巻雲、巻積雲、高積雲、層積雲、積乱雲に現われます。

乳房雲

尾流雲《びりゅううん》

雲の底から雨や雪が降っていて、それが尾のように見えるものをいいます。雨は途中で蒸発してしまい地面までは届きません。尾流雲は、主に巻積雲、高積雲、高層雲、乱層雲、層積雲、積雲、積乱雲に現われます。

尾流雲

降水雲《こうすいうん》

雨、雪、雹などが雲から落ちていて、降水の筋が地面まで届いているものをいいます。届いていないのは尾流雲です。高層雲、乱層雲、層積雲、層雲、積雲、積乱雲に見られます。

降水雲

アーチ雲《アーチぐも》

積乱雲などの底に現われる、アーケード街のアーチを思わせる雲です。強い寒冷前線が通過する時や、夏の激しい雷雨の際に現われますが、寿命の短い雲です。稀に積雲にも現われます。

漏斗雲《ろうとぐも》

積乱雲の底から垂れ下がった円錐形の雲で、横から見た形が漏斗のように見えます。垂れ下がっている雲は激しい渦巻きで、この雲の底が地面や海面に近づいて埃や水しぶきが立ち昇ると竜巻になります。積雲に現われることもあります。

頭巾雲《ずきんぐも》

時代劇に登場する頭巾を被った侍は、正義の味方も悪人も、顔までを隠してしまっていることが多いようですが、この場合の頭巾は文字どうり頭に被るものです。すなわち積雲や積乱雲の頭にちょこんと乗っているベレー帽のような雲をいいます。主に積雲、積乱雲に付随して現われますが、頭巾雲そのものの類は層積雲、高積雲、あるいは巻雲に属します。

頭巾雲

ヴェール雲《ヴェールぐも》

頭巾雲の更に大きなもので、上から見た形はドーナツ状です。積雲や積乱雲の上部にくっついたり、雲頂のすぐ上に水平に大きく広がるため横から見るとヴェール状に見えます。ヴェール雲自体は層積雲、高積雲、または巻雲に属します。

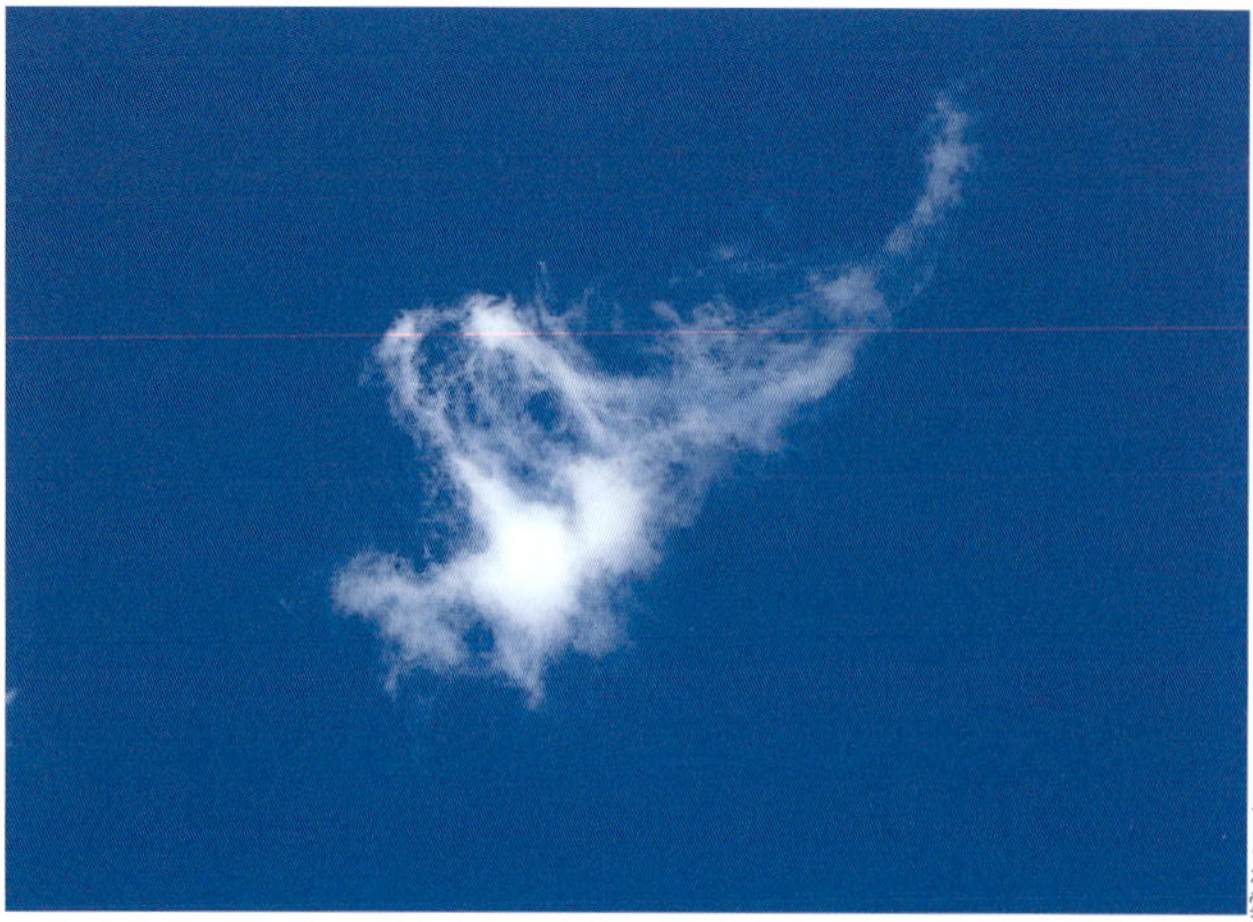
ちぎれ雲

ちぎれ雲《ちぎれぐも》

吹きちぎられた断片状の雲で、雲の分類上は高層雲、乱層雲、積雲、積乱雲に付随して現われる雲です。高層雲の下を飛ぶ黒いちぎれ雲は、雨の兆しです。ちぎれ雲は積雲の断片雲、または層雲の断片雲です。

雲の類，種，変種，特徴のある形の雲及び付随して現われる雲

類	種	変　　種	部分的に特徴のある形の雲* と付随して現われる雲**	よく現われる高さ	層
巻　雲	毛状雲 鉤状雲 濃密雲 塔状雲 房状雲	もつれ雲 放射状雲 肋骨雲 二重雲	乳房雲 *	極地方では3～8km 温帯地方では5～13km 熱帯地方では6～18km	上 層
巻積雲	層状雲 レンズ雲 塔状雲 房状雲	波状雲 蜂の巣状雲	尾流雲 * 乳房雲 *		
巻層雲	毛状雲 霧状雲	二重雲 波状雲			
高積雲	層状雲 レンズ雲 塔状雲 房状雲	半透明雲 隙間雲 不透明雲 二重雲 波状雲 放射状雲 蜂の巣状雲	尾流雲 * 乳房雲 *	極地方では2～4km 温帯地方では2～7km 熱帯地方では2～8km 但し、 高層雲は普通中層に見られますが、多くの場合上層まで広がっています。 また、乱層雲は普通中層に見られますが、多くの場合上層及び下層に広がっています。	中 層
高層雲		半透明雲 不透明雲 二重雲 波状雲 放射状雲	尾流雲 * 降水雲 * ちぎれ雲 ** 乳房雲 *		
乱層雲			降水雲 * 尾流雲 * ちぎれ雲 **		
層積雲	層状雲 レンズ雲 塔状雲	半透明雲 隙間雲 不透明雲 二重雲 波状雲 放射状雲 蜂の巣状雲	乳房雲 * 尾流雲 * 降水雲 *	極地方、温帯地方、熱帯地方とも地面付近から2km 但し、 積雲・積乱雲は雲底は普通下層にありますが、多くの場合雲頂は中・上層まで発達をしています。	下 層
層　雲	霧状雲 断片雲	不透明雲 半透明雲 波状雲	降水雲 *		
積　雲	扁平雲 並雲 雄大雲 断片雲	放射状雲	頭巾雲 ** ヴェール雲 ** 尾流雲 * 降水雲 * アーチ雲 * ちぎれ雲 ** 漏斗雲 *		
積乱雲	無毛雲 多毛雲		降水雲 * 尾流雲 * ちぎれ雲 ** 鉄床雲 * 乳房雲 * 頭巾雲 ** ヴェール雲 ** アーチ雲 * 漏斗雲 *		

(注)　各類の欄中の種，変種，部分的に特徴のある形の雲と付随して現われる雲は出現しやすい順に並べてあります。

1. 雲の章

雲の展覧会

空の水面

ジェット雲

筋雲《すじぐも》

繊維状になった雲のことで、巻雲の俗称です。篠《すじ》雲《ぐも》と書くこともあります。

篠雲

筋雲

羽根雲《はねぐも》

鳥の羽根、羽毛を思わせる雲で、巻雲のことです。離ればなれであったり、ヴェール状に現われることもあります。形はほとんどまっすぐですが、多少不規則に曲がっていることもあります。

羽根雲

ほそまい雲《ほそまいぐも》

幸田露伴の『雲のいろいろ』によりますと、ほそまい雲は、海賊衆の一つの、能島家の兵書に載っている雲だそうです。「刷毛にてひきたる如く淡く白く天に横たわる雲」ということから、巻雲と考えて間違いないと思います。

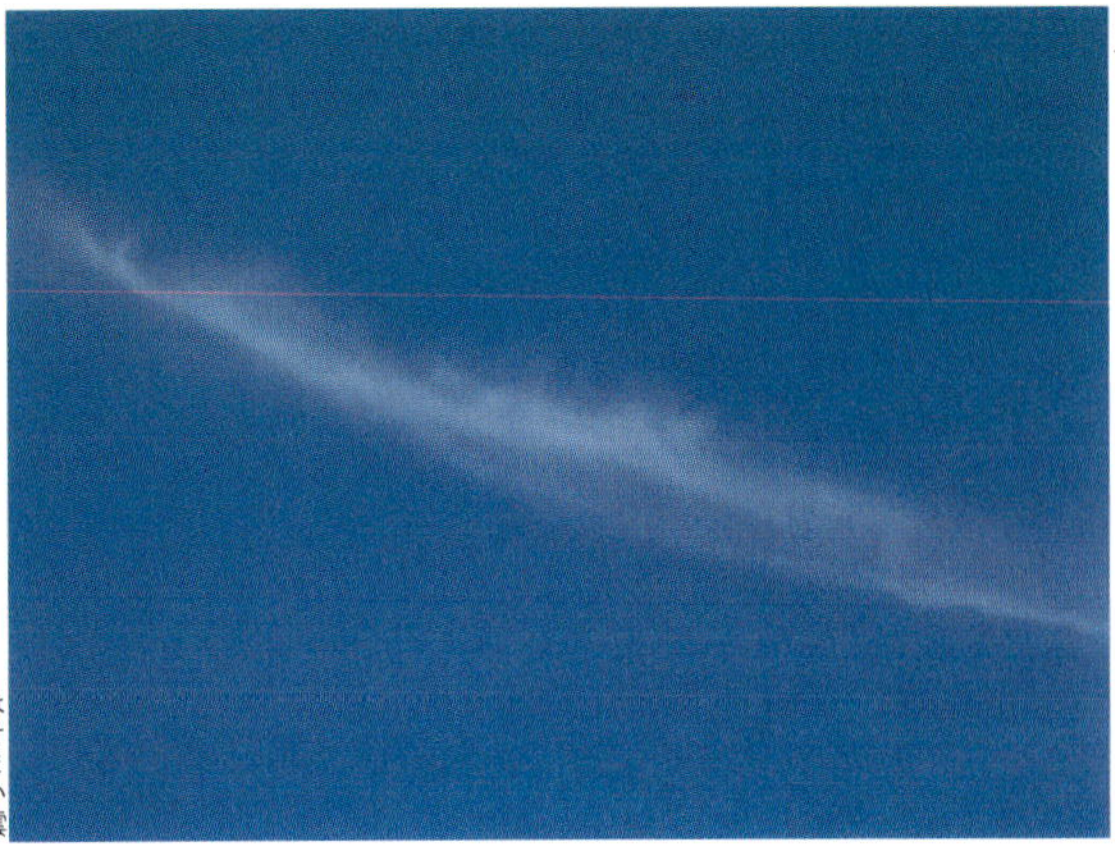

はそまい雲

ジェット雲《ジェットぐも》

偏西風の中の強風帯をジェット気流といいます。季節によって強風帯の高さや風の強さは異なりますが、毎秒一〇〇メートルを越える強風が吹いていることもあります。このジェット気流に沿って現われる巻雲や巻層雲がジェット雲です。多くは放射状に現われ、それぞれの雲の帯が波状になっていることもあります。（28・29）

浪雲《なみぐも》

乱気流によって出来る雲で、非常に発達すると渦の中心の雲がなくなります。

英語では**キャッツ・アイ**。猫の目雲とでも名付けたい形です。

キャッツ・アイ

浪雲

あばた雲《あばたぐも》

巻積雲や高積雲が、あばた状になったものです。

「あばた雲は雨の兆し」とされており、特に高積雲のあばた雲が空を埋めたならかなり高い確率で雨になります。

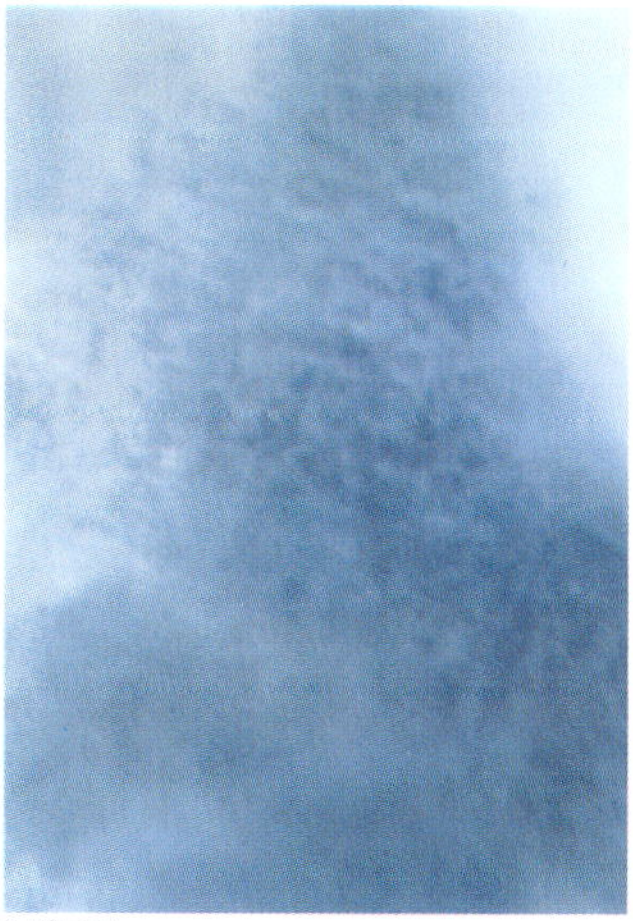

あばた雲

泡雲《あわぐも》

巻積雲の俗称です。この雲が青空の中にさざなみ状に拡がると、ぷくん、とした小さな雲の塊は、あたかも水面に浮かぶ泡のようです。そこで、これを泡雲と呼んだのです。

泡雲

鰯雲《いわしぐも》

巻積雲の俗称で、この雲が現われると鰯が大漁になるといわれます。

巻積雲が現われるのは低気圧が近づく時ですから、鰯は天気の異変を予感して動きが活発になるのかもしれません。漁業関係者によると、確かに嵐の前は鰯が良く獲れるそうで、漁に夢中になっていて、嵐に巻き込まれた船もあったそうです。

鰯雲　天にひろごり萩咲けり　（秋櫻子）

鰯雲

鱗雲《うろこぐも》

澄んだ空に巻積雲がやってくると、その小さな雲の塊は、まるで魚の鱗のようにきらきらと輝きます。そこでこの雲を鱗雲と名付けたのです。

鰯雲、鯖雲とともに秋の季語です。

鱗雲

水まさ雲《みずまさぐも》

巻層雲に細かい横筋が出来て、虎の体の文様を思わせる雲をいいます。**水増雲**《みずまさぐも》、**水柾雲**《みずまさぐも》の字を当て、昔から雨の兆しとされています。

多くは低気圧の前面で見られます。

また、熊本県八代郡の方言で、入道雲を「みずまさぐも」といいますが、これも夕立を降らせますから、雨の兆しの雲といえます。

水まさ雲

水増雲
水柾雲

斑雲

斑雲《まだらぐも》

巻積雲の俗称で、雨の兆しの雲とされます。

また巻積雲に限定せず、濃淡のある雲や、斑に群っている雲を指す場合もあります。

薄雲《うすぐも》

薄いヴェールのような雲で、巻層雲の俗称です。陽の光を遮ることはなく、余程注意をしていないと雲が広がっているのに気付きません。太陽や月の周囲に暈《かさ》が出来ることがあります。

薄雲

鯖雲《さばぐも》

高積雲の俗称です。
語源については、よく現われるのが秋鯖の漁期だから、という説もありますが、高積雲が波状になって現われると、鯖の背中の斑点のような文様になることから、これを鯖雲と呼ぶようになったとするのが有力です。

鯖雲

羊雲《ひつじぐも》

羊が牧場で群れているように見える雲で、高積雲の一種です。
この雲が太陽や月を横切ると、美しい光冠が見えることがあります。西洋ではこれを**黄金《おうごん》の羊《ひつじ》**、**神《かみ》の使《つか》いの羊《ひつじ》**と呼ぶそうです。

黄金の羊　神の使いの羊

羊雲

むら雲《むらくも》

むら雲は高積雲の俗称で、雲の濃淡によって斑があるように見えるものをいいます。一方、**叢雲《むらくも》**は叢がり立つ雲で、源氏物語には「風騒ぎ叢雲迷ふ夕にも」とあります。

叢雲

むら雲

朧雲《おぼろぐも》

空一面に広がる灰色の雲で、この雲に覆われると太陽も月も朧に見えます。

気象観測でいう高層雲や巻層雲と思われ、これらの雲は前線に伴って現われることが多く、雨の前兆となることがあります。

どちらかといえば春の響きを持つ言葉で、季語では春の雲に相当します。朧雲が広がると昼間は花曇、夜は朧月夜になります。

朧雲

片乱雲《へんらんうん》

悪天時に、まだ雨が降らないうちから、厚い雲の下を飛ぶ、黒いちぎれ雲のことです。この雲が現われれば、雨が降り出すのは間近です。

雲の分類では層雲や積雲になります。

片乱雲

黒猪《くろっちょ》(こくちょ)

天気が悪くなってきて高層雲が一面に広がると、やがてその下を黒い雲が飛ぶようになります。

このちぎれ雲が黒い猪のように思えたのではないでしょうか。

雨が降り出すと、黒猪は雨雲に吸収されてしまいます。

こごり雲《こごりぐも》

天気が悪くなる時、空一面に灰色の雲が広がり、やがてその下を黒いちぎれ雲が飛ぶようになります。これがこごり雲です。黒猪もこの雲のことと思われます。

黒猪・こごり雲

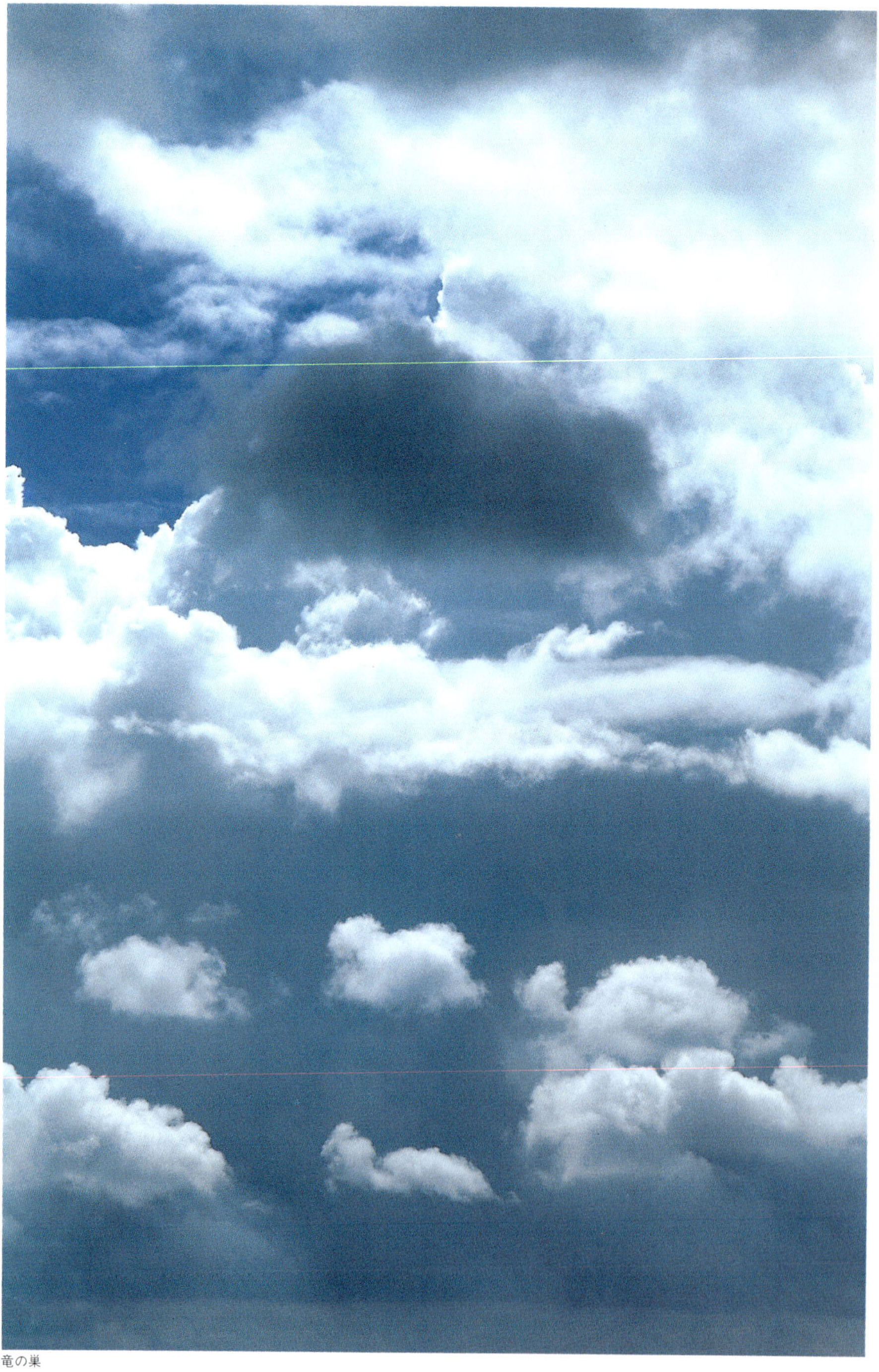
竜の巣

雨雲《あまぐも》

乱層雲の俗称で、悪天の時の代表的な雲です。しとしとと、地雨が降ります。

一方、雨を降らせる雲という意味ならば、乱層雲の他にも積乱雲がありますし、高層雲、層積雲、積雲からも雨が降ることがあります。また、層雲からは稀に霧雨が降ります。

嵩張り雲《かさばりぐも》

層積雲は雲の塊が大きく、厚みがあります。この雲が空一面に垂れ込めると、陽の光りは届きにくく、重苦しい気持ちになります。その様子が、いかにも空で嵩張っているようなので名付けられたものです。

畝雲《うねぐも》

畑の畝、あるいは渚に打ち寄せる波を思わせる雲です。
畝雲は層積雲の俗称で、層積雲の波状雲ですが、高積雲の波状雲のこともあります。

雨雲

嵩張り雲

畝雲

大蛇雲
山の蛇雲

霧雲《きりぐも》

霧雲は層雲の俗称です。しかし、どの種類の雲と限定することなく、霧のようにぼんやりした層状やヴェール状の雲を指す場合があります。

霧雲

山かつら《やまかつら》

山頂や山腹に蔓《かずら》のように取り巻く少し長い、多少の曲りのある雲で、層雲の一種です。

山かつらは雨を兆す雲で、この雲を腹巻や鉢巻、腰巻に見立てて、多くの天気俚諺が伝えられています。**山《やま》の蛇雲《へびくも》**、**大蛇雲《おろちぐも》**などとも呼ばれます。

山かつら

山の蛇雲

横雲《よこぐも》

山かつらよりも短く、横に一線になったのを横雲ということがあります。山かつらも横雲も、雲の分類では層雲で、見掛け上の形から名付けられたものです。

横雲の空ゆ引きはへ遠みこそめごと離《か》るらめ絶ゆと隔つや（万葉集　巻第十一）

この歌の横雲は、空を横に延びる雲と思われます。

雲の帯《くものおび》

山の中腹に棚引く横雲を帯に見立てたもので、棒のような形のものは棹雲《さおぐも》といいます。

また、天気が悪くなる時、白い帯のような巻雲が現われることがあり、これを帯状巻雲《おびじょうけんうん》といいます。

帯状巻雲

綿雲《わたぐも》

白い綿を思わせる雲や、綿をちぎったような雲をいいます。多くは積雲で、ゆったりと流れながら形を変えていくのを見ていると、まるで雲がジェスチャーをしているようです。

綿雲

積み雲《つみぐも》

積雲の俗称で、積み重なって見える団塊状の雲をいいます。四季を問わず、天気の良い日にごく普通に見ることが出来ます。

積み雲

座り雲《すわりぐも》

雲の底の広がり方に比べて、鉛直方向の伸びの方が小さい雲で、積雲の俗称です。まるで入道が、どっかりと胡床《あぐら》をかき、腕組みをしているような雲です。

座り雲

立ち雲《たちぐも》

雲の底の広がり方に比べて、鉛直方向の伸びの方が大きい雲をいいます。主に積乱雲に対して使われる名前です。確かに積乱雲は入道が立ち上がったように思えます。

立ち雲

入道雲

入道雲《にゅうどうぐも》

発達した雄大積雲の頭が丸味を帯びて、坊主頭に見えるものをいいます。頭部は太陽に照らされて、ぎらぎらと輝きますが、雲の底は真黒で俄雨《にわかあめ》が降り、時には雷を伴います。一般には、積乱雲も含めて入道雲と呼ぶことがあります。(41)

赤い夕映えの入道雲を眺めたのでしょうか、蕪村は「雲の峰に肘する酒呑童子哉」と詠みました。

酒呑童子

入道雲の方言《にゅうどうぐものほうげん》

江戸の方言では入道雲を**坂東太郎**《ばんどうたろう》と呼びます。坂東太郎とは本来利根川の異称です。坂東は足柄、碓氷から東の地のことで、その中の最も大きな川ということですが、その利根川の源流で育った雷《かみなり》雲《ぐも》が川に沿って下がってきて、関東平野で暴れ回ったためそう呼ばれたのでしょう。

九州地方の**筑紫二郎**《つくしじろう》も本来は筑後川の異称ですが、その地方の入道雲を指す場合があります。

京阪地方では丹波の方角に出る入道雲を**丹波太郎**《たんばたろう》、奈良の方角に出るのを**奈良二郎**《ならじろう》、和泉の方角に出るのを**和泉小次郎**《いずみこじろう》と呼んでいます。

この他にも九州地方の**比古太郎**《ひこたろう》、近江・越前地方の**信濃太郎**《しなのたろう》、山陰地方の**石見太郎**《いわみたろう》、山口県の**豊後太郎**《ぶんごたろう》、四国地方の**四国三郎**《しこくさぶろう》などがあります。

また、積乱雲は目につく雲だけあって、地方によっていろいろなものに譬えられています。**上総入道**《かずさにゅうどう》(茨城県)、**立ち雲**《たちぐも》(愛知県、三重県、鹿児島県、沖縄県、千葉県、八丈島)、**岩雲**《いわぐも》**・ゆわぐも**(奈良県、熊本県、熊本県)、**岩茸雲**《いわたけぐも》**・ゆわたけぐも**(長崎県、熊本県)、**喇叭雲**《らっぱぐも》(静岡県)、**鼬雲**《いたちぐも》(石川県)、**馬形**《うまんかた》(鹿児島県加計呂麻島)、**鱟雲**《うんきゅうぐも》(四国、九州、※鱟はカブトガニのことです。)、**舞茸雲**《まいたけぐも》(岐阜県)、**たこ入道**《にゅうどう》(兵庫県)、**仁王雲**《におうぐも》(三重県)、**岸雲**《きしぐも》(千葉県)

坂東太郎　雷雲　筑紫二郎　丹波太郎　奈良二郎　和泉小次郎
比古太郎　信濃太郎　石見太郎　豊後太郎　四国三郎　上総入道
立ち雲　岩雲　ゆわぐも　岩茸雲　ゆわたけぐも　喇叭雲　鼬雲
馬形　鱟雲　舞茸雲　たこ入道　仁王雲　岸雲

雲の峰《くものみね》

雄大積雲、あるいは積乱雲の頭部がむくむくと山の峰のように盛り上がったものをいいます。

「夏雲奇峰多し」(陶淵明)などの詩の影響で作られた言葉で、使われるようになったのは主に芭蕉以後であろう、と考えられています。

雲の峯いくつ崩れて月の山　(芭蕉)

雲の峰

かつぎ

積雲や積乱雲の上に広がるヴェール状の雲をかつぎといいます。

かつぎは衣被《きぬかずき》のことで、平安時代以来の女性が外出をする時に頭に被った衣です。積雲や積乱雲を女性に、その上のヴェール雲を衣被に見立てたものです。

襟巻雲《えりまきぐも》

積雲や積乱雲が発達してゆく途中で、頭の上に「かつぎ」が出来た時、これを突き貫けて更に発達すると、「かつぎ」の高さは元のままなので、突き貫けた雲が襟巻をしているように見えます。そこで、これを襟巻雲と呼びます。

襟巻雲

飛行機雲《ひこうきぐも》

飛行機の航跡に出来る雲で、飛行高度の空気が低温で、湿度の高い時に出来ます。

すぐに消えることもありますが、飛行機雲が厚くなり、ほかの雲も増えてくるようなら天気は下り坂です。

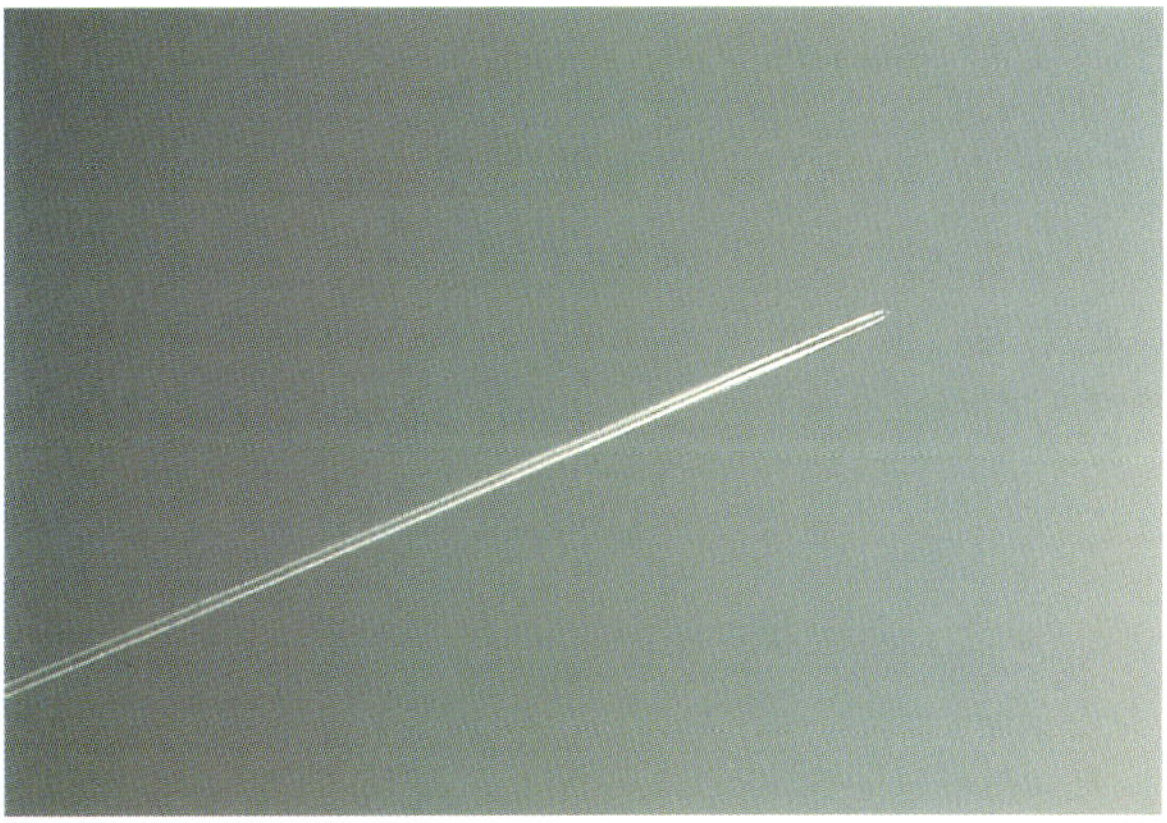
飛行機雲

消滅飛行機雲《しょうめつひこうきぐも》

航跡に出来るのを飛行機雲といいますが、それとは逆に、飛行機が薄い雲の層の中を飛んだ為に雲が消え、航跡が雲のない筋になったものです。従って、雲とはいえませんが、適当な名前が見当たりません。

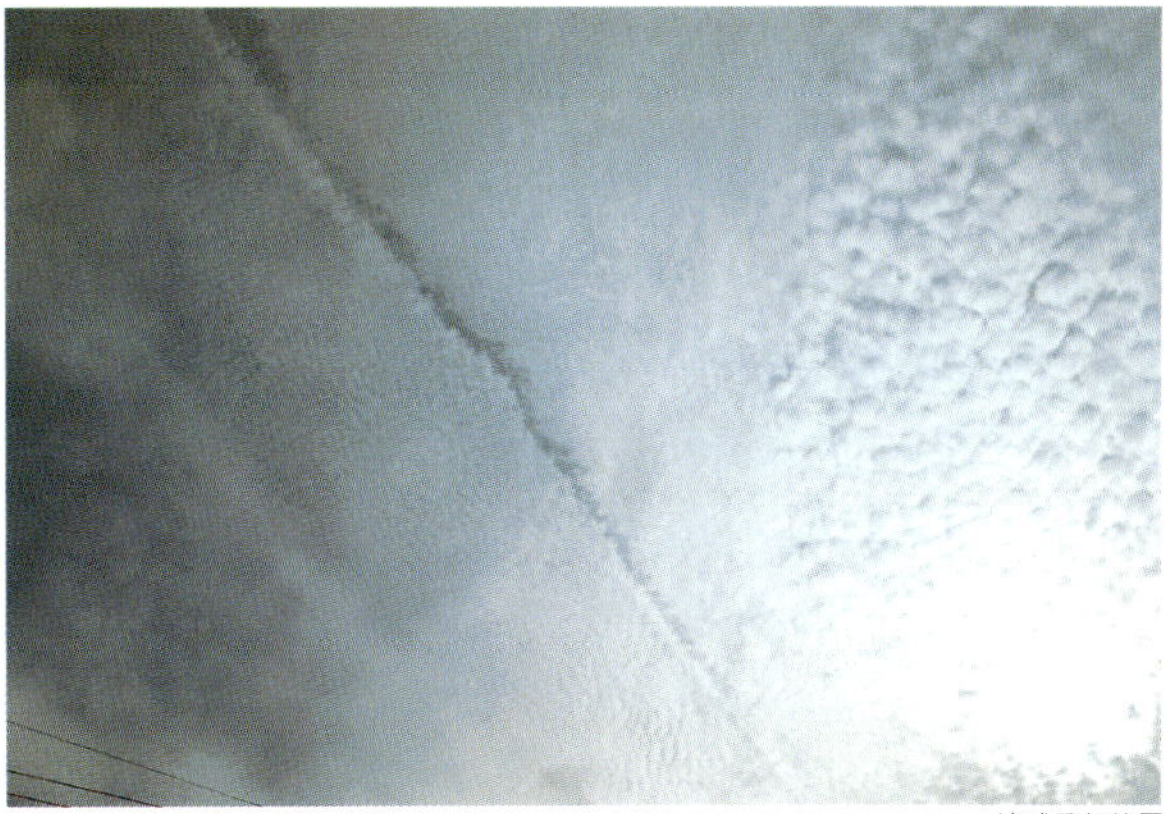
消滅飛行機雲

夕陽を射る（飛行機雲）

疾風雲《はやてぐも》

寒冷前線に伴う雲で、雲の列は概ね一直線に並んでいて、それが**雲《くも》の堤《つつみ》**に見えるものです。これが近づくと、急に大粒の雨が降り出して雷が鳴ることもありますが、雲は数時間で通り過ぎてゆきます。春疾風が通る時は、それまでは初夏を思わせる陽気であっても、通り過ぎたあとは北風が吹き出して、気温は急に下がってきます。

雲の堤

疾風雲

雲堤《うんてい》

土手のように、長く連なった雲の帯です。雲の高さはほとんど同じで、多くは寒冷前線に沿って延びています。雲堤が通ると天気は急変し、雷雨になったり、突風が吹くことがあります。冬の季節風の吹き出しの時にも現れます。

雲堤

雲の根《くものね》

晴れた日に現れる積雲は、地面付近で暖められた空気が、ある高さまで上昇して雲となったものです。この、雲になる高さまでの、目に見えない部分を雲の根といいます。夕方になって入道雲がしぼんでゆくのは、雲の根からの補給が無くなるからです。

雲の根

山旗雲

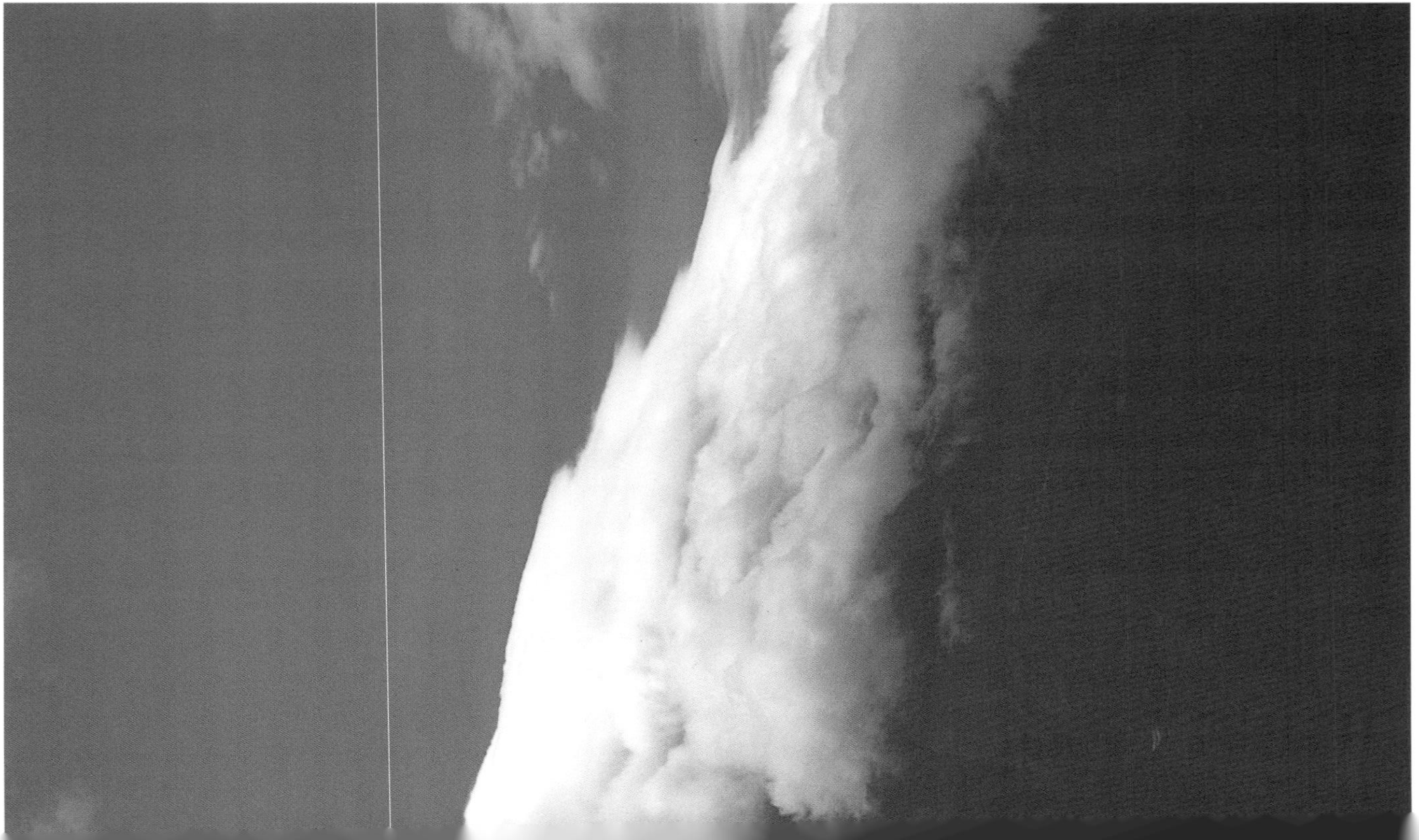

笠雲

山旗雲《やまはたぐも》

山の稜線の風下側に出来る雲で、離れた所から見ると、山が旗竿で、雲が旗のように思えるのでこのように名付けられたようです。どちらかというと、おだやかな日和りに多く見られます。（46・47）

旗雲《はたぐも》

山の風下側に出来る雲で、山旗雲と同じものです。離れた場所から眺めると、全く動いていないように思えますが、内部では発生と消滅を繰り返しています。

笠雲

笠雲《かさぐも》

山頂付近に出来る、笠の形をした雲で、富士山のような独立峰に美しいものが見られます。その時の気象条件によって末広笠、破風笠、三蓋笠など形が異なり、二十種ほどに分類されます。笠雲も、旗雲と同じで、全体としては動かないように見えますが、内部では発生と消滅が忙しく繰り返されています。（48・49）

吊し雲《つるしぐも》

山に強い風がぶつかって出来る地形性の雲で、多くは高積雲や層積雲に分類されます。雲が見掛け上動かず、まるで空中に吊したように思えるところから名付けられました。富士山には見事な吊し雲が現われます。

吊し雲

風の伯爵夫人《かぜのはくしゃくふじん》

イタリアのシシリー島の人々は、エトナ山の山頂付近に出来る笠雲や吊し雲を、「風の伯爵夫人」と呼んでいます。

莢雲

莢雲《さやぐも》

豆の莢を思わせる雲で、レンズ雲のことです。というより、レンズは外来語ですから、莢雲の方が古くからの呼び名といえます。強風を告げる雲です。

翼雲《つばさぐも》

鳥が翼を大きく広げたような形の雲をいいます。独立峰の風下に出来る地形性の雲で、多くは高積雲や層積雲に分類されます。これもレンズ雲の一種で、やはり強風を告げる雲です。

昇り雲《のぼりぐも》

山肌に沿って昇っていく雲、あるいは立ち昇るように動いていく雲をいいます。

昇り雲

くらげ雲《くらげぐも》

薄いヴェール状の雲がゆっくりと山を越える時、底の方が風に乱されると、一瞬ふわりと浮き上がります。この形がくらげに似ているので名付けられたものです。

空のクジラ

雲海《うんかい》

雲海を造る雲は、普通は層積雲や積雲ですが、高い山では高層雲のこともあります。日の出や日の入りの時、雲海に山の影が映ることがあって、富士山の場合は、これを影富士と呼びます。

雲海

滝雲

滝雲《たきぐも》

山の稜線まで押し寄せた雲の層は、風下側の山腹に沿って下降していくうちに次第に雲が消えてゆきます。その様子がまるで滝のようなので名付けられたものです。

瀑布雲《ばくふぐも》

大きな滝の上に出来る、積雲のような雲をいいます。この雲を造るのは、水の落下と水しぶきです。

八重棚雲《やえたなぐも》

横に幾重にも重なって棚引く雲で、八雲もこの雲のことをいうように思われます。層積雲や高積雲が波状になっているのをいうようです。

八雲《やくも》

八雲立つ出雲八重垣妻籠めに八重垣作る其八重垣を　（素戔嗚尊）

「八雲立つ」は出雲にかかる枕言葉で、八雲は、幾重にも重なっている雲、と解釈されています。

八雲・八重棚雲

蝶々雲《ちょうちょうぐも》

ひらひらと、蝶々の飛ぶように流れてゆく雲のことで、孤立した積雲の乱れたものです。漁業関係者の間では、強風の兆しとされています。

蝶々雲

問答雲《もんどうぐも》

高さの違う雲の、それぞれの進む方向が異なるのをいいます。特にどの様な形、というのはありませんが、天気が悪くなる前触であることが多いようです。

問答雲

豊旗雲《とよはたぐも》

綿津海の豊旗雲に入日さし今宵の月夜清く
明りこそ（天智天皇御歌）

豊旗雲は、吹き流しが風になびいているような雲で、放射状に拡がった雲、あるいは長く延びた雲、と考えられていますが、その解釈は様々です。

豊旗雲

物　園

猪の子雲《いのこぐも》

幸田露伴の『雲のいろいろ』の中に、「(前略)ゐのこ雲といへるは仲正の歌に見えたり。夏の夜秋の夜など、雨もたぬ空の晴れたるに、ひとかたまりの雲のゐのこの如く丸く肥えて見ゆるが、月のあたり走り行くは人々の知るところなるが、これもまた風情ある雲なり。(後略)」とあります。

写真のイノシシは積雲ですが、猪の子雲と名付けたい形をしています。

イノシシ

麒麟

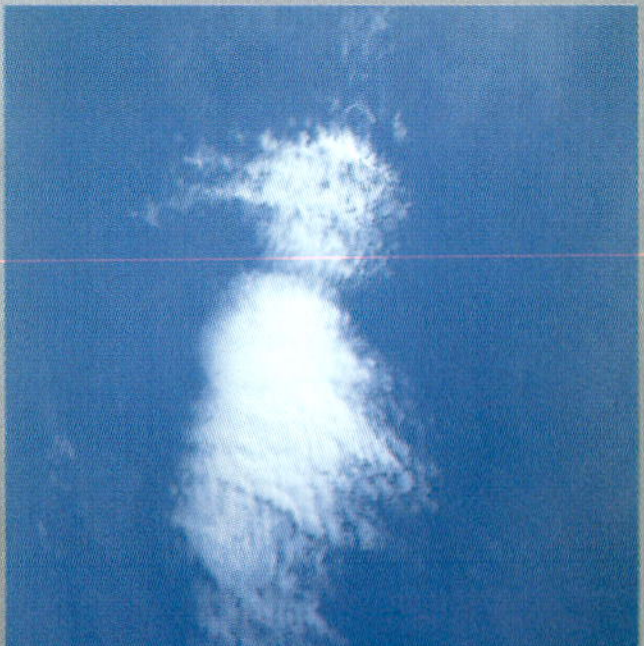

キツツキ

空　中　動

ウサギ

ハトとオリーブの葉

白鳥

タツノオトシゴ

傘鉾雲

傘鉾雲 かさほこぐも

幸田露伴の『雲のいろいろ』に、「南の方の天にさしがさを開きたるように立つ雲をかさほこ雲といふとぞ。其雲やがて破れて、その破れたる方より風吹くと聞きたれど、市中にのみ住める身の、未だよく見知るべき時にあはざるこそ口惜けれ。」とあります。積乱雲が鉄床雲になったのをいうようです。

凍雲 いてぐも

俳句歳事記に冬の雲の項があり、この中に凍雲、寒雲《かんうん》があります。

凍雲は凍てついて身動きもしない雲、寒雲は曇って寒々とした日の雲として扱うようです。

雲凍てて瑪瑙の如し書斎裡に（青邨）

凍雲

寒雲

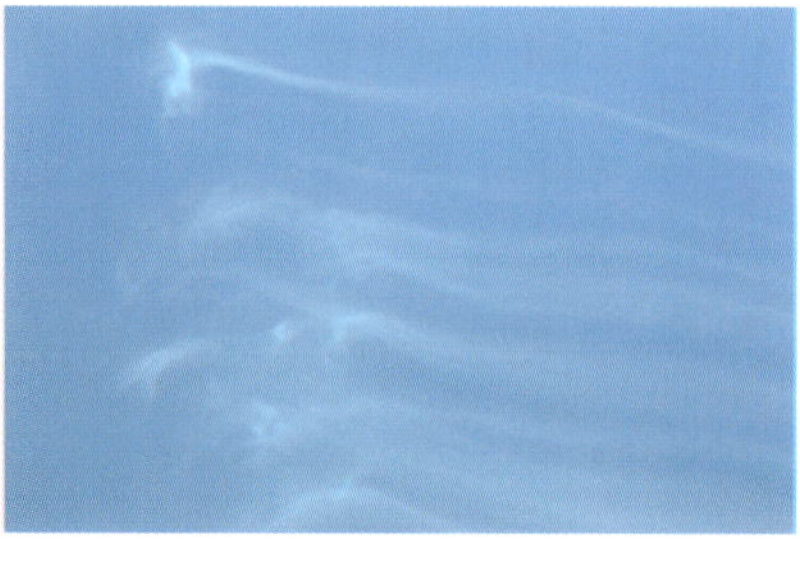

狂雲《きょううん》

乱れ騒ぐ雲のことです。嵐が近づくと、高い空の雲と低い空の雲の流れる方角は、てんでんばらばらになります。どす黒い夕方の空を飛んでゆく黒い雲は、いかにも天気の異常を告げているようです。

狂雲

五月雲

五月雲《さつきぐも》

特にどの雲ということはなく、陰暦五月の梅雨の頃の、どんよりした空の状態をいいます。五月雲を一面に漂わせる空を**梅雨空**《つゆぞら》といいます。

梅雨空

浅間嶺の麓まで下り五月雲　（高浜虚子）

陰雲

陰雲《いんうん》

雲の形を指すのではなく、暗く空を覆う雲をいいます。**陰々**《いんいん》は曇った様をいいます。陰雲から雨が落ちてくるのは**陰雨**《いんう》で、『御堂関白記』には「雨猶不止、終日陰雨」とあります。

陰々
陰雨

カオス

雲の波《くものなみ》

巻積雲や高積雲、あるいは層積雲が波のように畝っている様子をいいます。
「**甍の波と雲の波**」小学唱歌の雲の波は、詩の内容からすると波状の高積雲のように思えます。

雲の湊《くものみなと》

雲の集まる様子を、あちこちから船が集まる港に譬えたものです。
雲《くも》の浮波《うきなみ》、雲の波、**雲《くも》の波路《なみじ》**と空は海に、雲は波に譬えられます。

雲の浮波　雲の波路

雲の波

ビッグ・ウェーブ

雲の織物

雲の澪《くものみお》

澪は、川や海の底が深くて、船の通行に適した水路のことです。雲の澪は、雲の通り道を澪に譬えたものです。

雲の通路

雲のカーテン

雲の通路《くものかよいじ》

天つ風雲の通ひじ吹きとぢよをとめの姿しばしとどめむ　（僧正遍昭）

雲の通路は、雲の行き通う道筋のことですが、この歌の場合は、天女が雲に乗って舞い降り、舞い昇る、とみているのです。舞を舞い終えた少女が退こうとするのを惜しんだ歌です。

雲の林《くものはやし》

雲が群り立つ林で、京都市北区の雲林院に掛けることがあります。

気象衛星から見た台風の写真は渦巻状ですが、あれは積乱雲が林立しているのを宇宙から見たものです。台風を取り巻く雲は、雲の林どころか雲の密林です。

雲の林

徒雲《あだぐも》

徒は、空しいこと、儚《はかな》いことです。『夫木和歌集』に、「徒雲もなき冬の夜の空なれば」とあり、やがては消えてしまう儚い雲をいうようです。

徒雲

はぐれ雲《はぐれぐも》

他と離れて、ぽつんと流れていく雲をいうようです。流浪の雲ならば、さすらう雲であり、逸れの雲ならば、連れの者と離れた雲、とでもいえそうです。

はぐれ雲

浮雲《うきぐも》

空に浮かんでいる雲が、風に流されていくのをいいます。転じて、物事が定まらず落ちつかない、という意味も持つようになりました。

今ぞ知る思ひの果てよ世の中のうきくもにのみまじる物とは　（金葉集二度本）

浮雲

雲の秘密工場

夕焼け雲

行雲

行雲《こううん》

風に流されて空を動いていく雲のことです。行雲流水は、なんの執着もなく、物に応じ、事に従って行動することで、所定めず遍歴修行する僧を雲水といいます。

黄雲

黄雲《こううん》

黄色に染まった雲のことです。また、広い水田に実った稲を雲に見たてていうことがあり、転じて酒の異称になっています。

天使

竜巻《たつまき》

地上付近に起こる激しい空気の渦で、建物の破壊状況から推察して、毎秒一〇〇メートルもの風が吹くこともあるようです。
積乱雲から垂れ下がる漏斗状の雲を見て、昔の人は、水の底で眠っていた竜が、空に昇っていく姿を想像し、竜巻と名付けたのかもしれません。

竜を思わせる雲

竜王《りゅうおう》

竜宮、竜頭、竜神、竜王と、仏教経典には竜の字がついた言葉がいろいろあります。竜は、中国で考えられた想像上の動物で、ふだんは水底にいますが、時には昇竜、飛竜となって雨を降らせるとされ、雲雨を自在に支配する力を持つ水と雨の神様です。そこで、雨模様の際に現われる、黒くて長い雲を、竜が翔ぶ姿に見たてたのでしょう。
日本でも昔から、**竜神**《りゅうじん》竜王と呼んで、雨乞いをしたり、あるいは長雨が止んでくれるようにと祈りました。

時により過ぐれば民のなげきなり　八大竜王雨やめたまへ
（源実朝『**金槐和歌集**』）

建暦元年（一二一一）の洪水の際、源実朝は竜王に祈りをこめて詠いました。

竜神

鹿島神宮の御座船

觔斗雲《きんとうん》

呉承恩が書いた読みもの『西遊記』に登場する孫悟空が乗る雲で、觔斗は、もんどり打つことです。秘法を行ない、呪文を唱え、拳を固く閉じて身を翻して飛べば、ひと飛びに十万八千里を往く、とされています。

觔斗雲を思わせる雲

2. 水の章

冬の雨

雨《あめ》

雨は雲から落下する水滴、または水滴が雲から落下する現象のことです。降り方によって驟雨とか地雨ということがあり、強さによっても、3㎜/h未満を弱い雨、15㎜/h未満を並の雨、15㎜/h以上を強い雨、と区別することがあります。

一方、**大雨**《おおあめ》や**豪雨**《ごうう》などの言葉は感覚的なもので、雨量や強さの基準はありません。

雨

雨

大雨
豪雨

驟雨《しゅうう》

急に降り出す雨で、**俄雨**《にわかあめ》ともいいます。積乱雲や雄大積雲（入道雲）から降る場合が多く、時々は青空も見えます。驟雨は、ふつう短い時間で降り止みますから、こんな時はちょっとひと休み。たまには**雨宿り**《あまやどり》を楽しんでみるのも悪くはありません。

俄雨
雨宿り

驟雨

地雨《じあめ》

驟雨に対して、しとしとと降り続く雨を、地雨といいます。地雨は、乱層雲や高層雲などから降り、降り方が一様で、雨が急に強くなったり弱くなったりするようなことは稀です。

俄雨が雨なら地雨も雨。どうでも良いようですが、気象の分野では降らせる雲によって呼び分けています。

地雨

雨滴

雨滴《うてき》

雨滴の大きさは小粒なものでは直径が〇・五ミリ、大きなもので五ミリ程度です。落下する雨滴は空気の抵抗を受けますから、下部は押し潰されて、中華饅頭のような形をしているそうです。

雨水が軒などから落ちるのは**雨垂**《あまだれ》、雨垂が落ちて打ち当る所は**雨垂落**《あまだれおち》です。

雨垂　雨垂落

潦《にわたずみ》

勢いよく雨が降ると、庭には水たまりが出来ます。これが潦です。

一方、山野に降った雨は低い方へ流れ始めて、やがて束の間の小さな川となります。

この光景を、一茶は見逃がしませんでした。

俄川とんで見せけり鹿の親　（一茶）

潦

霧雨

霧雨《きりさめ》

無数の細かな水滴が、層雲からゆっくりと落ちてくるのが霧雨です。

水滴が細かいために、光は散乱、吸収されますから、辺りはぼんやりしてしまいます。霧雨の中では、見慣れた風景が単色になり新鮮に感じられます。

小糠雨《こぬかあめ》

春先に、しとしとと降る雨で、雨滴の大きさは〇・二〜〇・五ミリと小さく、いわゆる霧雨です。

糠雨《ぬかあめ》ともいいますが、傘をさす程の雨ではありません。ひっそりと降る雨には、**ひそか雨**《あめ》の名もあります。

よもすがら音なき雨や種俵　（蕪村）

糠雨
ひそか雨

春時雨《はるしぐれ》

春だというのに、暖房が欲しくなるほど寒くなり、冷たい雨が降ることがあります。まるで時雨を思わせるところから、これを春時雨といいます。初冬の、春を思わせる暖かな日を小春日和といいますが、これと似た表現です。

春時雨

春雨《はるさめ》

季語に厳密な人は、春雨と**春**《はる》**の雨**《あめ》を使い分けるそうです。春雨は、いつまでも降り続く地雨性の、しっとりとした雨で、春の後半の、いわゆる菜種梅雨の頃の雨を指すようです。

これに対して、春に降る雨を総括していう場合には、春の雨とするそうで、「の」の一字にも心を配っています。

春雨や小磯の小貝ぬるるほど（蕪村）

春雨

春の雨

春霖《しゅんりん》

三月から四月にかけて、天気がぐずつく時期があります。これが春霖で、**春**《はる》**の長雨**《ながあめ》ともいいます。日本の南岸地方に現われやすい天気で、冷たい雨が降り続き、時には雨が雪に変ることもあります。木の芽時は病気が多い、といわれるのは、陽気の変動が大きいことも原因の一つです。

春霖

春の長雨

菜種梅雨《なたねづゆ》

三月下旬から四月にかけて、関東から西の地方では、天気がぐずつく時期があります。梅雨に似た現象で、いわゆる春の長雨のことです。ちょうど菜の花が咲く時期なので、菜種梅雨といいます。
菜の花や月は東に日は西に（蕪村）
夕暮れ時の菜の花は、一際色彩やかです。

菜種梅雨

梅若の涙雨《うめわかのなみだあめ》

謡曲「隅田川」に登場する梅若は、京の貴族吉田少将の子で、人買いにかどわかされて東に下り、隅田川の畔りで病死します。

命日の陰暦三月十五日に雨が降るのは、天が梅若の悲しい最期を悼《いた》んで降らすのであろう、と伝えられています。

虎が雨《とらがあめ》

陰暦五月二八日頃に降る雨のことです。

建久四（一一九三）年五月二八日、富士の裾野で、曾我兄弟が父の仇討をしましたが、兄の十郎祐成《すけなり》は討死をしました。これを悲しんだ十郎の愛人、虎御前《とらごぜん》の流す涙が雨になって降る、と伝えられているのです。この日に各地で傘焼の行事が行われるのは、兄弟が傘を松明《たいまつ》の代わりにした故事に基づいています。

とらが雨など軽んじてぬれにけり　（一茶）

走り梅雨《はしりづゆ》

五月の中旬から下旬にかけて、まるで梅雨を思わせるような、ぐずついた天気になることがあります。これが走り梅雨です。

ふつう、走り梅雨の期間は数日で終わりますが、走り梅雨が長引き、そのまま梅雨になってしまうこともあります。

走り梅雨

翠雨

甘雨

緑雨
麦雨
甘雨
瑞雨

翠雨《すいう》

青葉に降りかかる雨が翠雨です。新緑の頃に降る雨は**緑雨**《りょくう》、麦の熟する頃に降る雨は**麦雨**《ばくう》です。

また、草木を潤す雨を**甘雨**《かんう》、穀物の成長を助ける雨は**瑞雨**《ずいう》といいます。

草木を育む雨。それを単に「雨」と呼んでしまえばそれまで。日本人の、雨に対する細やかな感覚が伝わってきます。

卯の花腐し《うのはなくたし》

陰暦四月から五月の、卯の花が咲く頃に降る雨をいいます。しとしと降る雨が、まるで卯の花を腐らせてしまいそうなので、この名があります。

卯の花とはウツギの花のことで、この頃の曇り空を**卯《う》の花曇《はなぐもり》**ともいいます。

卯の花をくたす長雨のはや水に縁《よ》るこづみなす縁らむ子もがも（万葉集巻第十九）

卯の花曇

梅雨

梅雨つゆ

『日本歳時記』（貞享四年、一六八七年）に、「これを『梅雨《つゆ》』と名付く」とあり、江戸時代あたりから梅雨はバイウからツユ、と呼ばれるようになったようです。つゆの語源については、おつゆ（汁）や、露、物が湿気で腐るから潰（ついゆ）などの言葉からきているといわれています。

梅雨ばいう

ちょうど梅の実が熟す時期に降る雨なので梅雨。ものみな黴《カビ》を生じさせる雨、**黴雨《ばいう》**が転じて梅雨になった、という説もあります。

中国では、明の時代の文献に「梅雨《ムィイユィ》」という言葉が使われていて、これが最初であろう、と考えられています。

黴雨

入梅にゅうばい

梅雨に入ることです。暦の入梅は太陽の黄経が八〇度に達する日で、六月十一日か十二日に当ります。気象の分野では、梅雨前線が日本の南海上に停滞し、曇りや雨の日が多くなり始める時期をいいますから、年によって日が異なります。

栗花落ついり

つゆ入りは、ついりともいわれます。

ちょうどこの頃は栗の花が咲き散るので、**堕栗花《ついり》**という字を当てたりもします。栗花落さん、という姓がありますが、これは「ついりさん」、「つゆりさん」と読むそうです。**つゆ入《い》り**は入梅といいます。しかし、**つゆ明《あ》け**を出梅とはいいません。

堕栗花
つゆ入り
つゆ明け

梅雨

五月雨《さみだれ》

五月雨をあつめて早し最上川　（芭蕉）

さみだれは、五月雨と書きます。日本では、昔は梅雨を五月雨といいました。五月（旧暦）に降る雨、というわけです。五月雨を降らせる雲は五月雲《さつきぐも》で、雨が降らずとも、雲が重く垂れ込めると昼間でも電灯が必要なほどです。この暗さは**五月闇**《さつきやみ》といいます。

しら紙にしむ心地せり五月やみ　（暁台）

五月雨

五月闇

五月闇

五月晴れ《さつきばれ》

五月雲《さつきぐも》の切れ間から青空が拡がってくると、心が浮き浮きします。五月雨《さみだれ》に対して、この梅雨の晴れ間を五月晴れといいます。しかし、最近は言葉の意味が変ってきて、新暦五月の、爽やかな晴天を五月晴れ、ということがあります。

蛇足ですが、「五月蠅」は、うるさい、と読みます。

五月雨も中休みかよ今日は　（一茶）

五月晴れ

梅雨の中休み

梅雨の中休み《つゆのなかやすみ》

梅雨の最中に、一時的に晴天が続くことをいいます。このような時、梅雨前線は南海上に下っているか、活動が弱くなっています。しかし、雨は中休み以降が本番。集中豪雨《しゅうちゅうごうう》は梅雨の後半に多く発生しています。

集中豪雨

返り梅雨

送り梅雨《おくりづゆ》

梅雨が明ける頃の雨をいいます。大雨になることがあり、また雷雨になることもあります。梅雨の末期は集中豪雨が起きやすく、昼間なのに薄暗くて、雷が鳴るような時は、大雨を警戒しなければなりません。

戻り梅雨《もどりづゆ》

ようやく梅雨が明けた、と思っていると、またぶり返して雨が降ることがあります。これを戻り梅雨、**返《かえ》り梅雨《づゆ》**といいます。結果からいえば、まだ梅雨は明けていなかったことになります。

空梅雨《からつゆ》

梅雨の時期なのにほとんど雨が降らず、夏を思わせる暑い晴天が続くことがあります。これが空梅雨です。梅雨期間中の降水量は西日本で三〇〇～五〇〇ミリ、東日本で三〇〇ミリ前後、北日本で一五〇～二五〇ミリにもなりますから、空梅雨になると夏の水不足が心配されます。

空梅雨

夕立《ゆうだち》

夏の俄雨《にわかあめ》のことで、午後、それも夕方前後に降ることが多いので、この名があります。『万葉集』には「ゆふだちの雨うち降れば春日野の尾花が末の白露思ほゆ」とあって、古くから用いられている言葉です。雨の降る時間は短くても、降り方は激しく、雷を伴うことがあります。（80・81）

白雨《はくう》ともいいます。

涼しさよ白雨ながら入日影（去来）

村雨

白雨

肘かさ雨《ひじかさあめ》

急に降り出した雨に笠の用意がなく、肘を頭にかざすことから、俄雨のことをこう呼びます。

夏の夕立は狭い範囲に降ることが多く、日が照っているのに雨が落ちてくることがあって、これを**狐**《きつね》**の嫁入**《よめい》**り**、**日照雨**《さばえ》などといいます。

妹が門行き過ぎかねつひぢかさの雨もふらなむ雨がくれせむ（古今和歌六帖）

日照雨　狐の嫁入り

群雨　叢雨　繁雨

村雨《むらさめ》

群になって降る雨の意味で、一しきりずつ強くなったり、弱くなったりして降る雨です。**群雨**《むらさめ》、**叢雨**《むらさめ》とも書きます。

村雨は、いわゆる驟雨、俄雨のことで、**繁雨**《しばあめ》ともいいます。

村雨の露もまだひぬ槙の葉に霧立ちのぼる秋の夕暮（寂蓮）

篠を乱す　篠の小吹雪

篠突く雨《しのつくあめ》

篠とは、数多く群生する細い竹のことで、篠突く雨は、篠を束ねて突き降ろすように烈しく降る雨をいいます。篠突く雨に風が加わった状態は、**篠**《しの》**を乱**《みだ》**す**、といいます。

また、篠を吹く激しい風に雪が散るのを、**篠**《しの》**の小吹雪**《おふぶき》といいます。

篠突く雨

夕立

神鳴

雷雨《らいう》

雷を伴って降る雨で、雹が混じることもあります。雷鳴《らいめい》が轟き、雷光《らいこう》が走る場合を雷電《らいでん》といい、この場合の雷は雷鳴、電は雷光を指します。雷鳴だけ、雷光だけの場合は雷電とはいいません。

夏、上空に寒気がくると、二〜三日雷雨が続きます。

この頃や雷くせのつきし日々　（高浜虚子）

雷鳴　雷光　雷電

神鳴

雨乞《あまごい》

旱《ひでり》が続くと、人々は雨が降るように祈ります。山の上で火を焚いたり、祈雨経を誦したりと、一つの方法で効果がないと、次々と別の方法を試みます。神仏を怒らせると雨が降るだろうと、神泉に汚物を投げ入れることさえ試みたようです。

朝廷から、神泉苑や諸社に祈雨の使いが遣わされたこともありました。

この見ゆる雲ほびこりてとの曇り雨も降らぬか心だらひに（万葉集巻第十八）

祈雨によって降った雨は喜雨となります。

神鳴《かみなり》

雷は古くは神慮によるものと思われていました。太宰府へ流された菅原道真が亡くなった後、京の都では風雨落雷などの天災が続きました。これを朝廷は道真の怨霊によるものと考え、霊を鎮めるために火雷天神の号を贈り、北野の地に神殿を建立しました。その道真の領地に桑原という所があって、ここだけはなぜか雷が落ちませんでした。それ以来、雷があると桑原、桑原と唱えるようになった、という説があります。

（82・83）

喜雨《きう》

夏の旱《ひでり》続きで困っている時に降る雨は、文字通りの喜びの雨です。からからに涸いた畑に、土煙りを上げながら降る大粒の雨は、農家にとっては救いの雨です。こんな日は雨喜びといって、農作業を休み、お祝いをしたりもしました。

慈雨到る絶えて久しき戸樋奏で　（高浜虚子）

喜雨

洗車雨《せんしゃう》

陰暦七月六日の雨は洗車雨、翌七日に降る雨は**洒涙雨**《さいるいう》です。

中国から伝えられた言葉で、牽牛と織女の会うことの出来ない憾《うら》みをいいます。

近年は新暦で七夕まつりを行なう所が多くなっていますが、新暦七月七日は梅雨の最中ですから雨に降られる可能性は現代の方が高いのです。


比夕降り来る雨は牽牛の早漕ぐ舟の櫂の散りかも　（万葉集巻第十）

洒涙雨

半夏雨《はんげあめ》

夏至から数えて十一日目の半夏生の日に降る雨をいいます。この日の天気によって一年の豊作を占う風習があって、この日の雨、すなわち半夏雨が大雨になることは恐れられました。

また、この時期には田植えも終えていますので、半夏雨は田の神が昇天される雨とも考えられています。

御山洗《おやまあらい》

富士山は不浄を忌《い》む霊山ですから、登山中は六根清浄を唱えますが、それでも数々の穢《けが》れを受けることは避けられません。

そこで山麓の人々は、陰暦七月二六日に降る雨は、登山期間中の不浄を洗い浄める雨、と言い伝えてきました。

秋霖《しゅうりん》

霖の字義は、ながあめ。三日以上降り続く雨、とする辞典もあります。**霖霖**《りんりん》は、雨の長く降り続いて止まない様であり、秋霖は**秋**《あき》**の長雨**《ながあめ》です。
秋の長雨を降らせるのは**秋雨**《あきさめ》前線で、この時期に台風がやってくると大雨になります。

霖霖
秋の長雨
秋雨

時雨

時雨《しぐれ》

晩秋から初冬にかけての、晴れていたかと思うとサアーッと降り、傘をさす間もなく青空が戻ってくるような**通《とお》り雨《あめ》**のことです。

京都の**北山時雨《きたやましぐれ》**は有名で、この季節現象を京の歌人達は好み、平安の時代から詠い続けてきました。

神無月《かんなづき》時雨《しぐれ》に逢へるもみじ葉の吹かば散りなむ風のまにまに　（万葉集巻第八）

もみじ葉は、時雨に急かされて枝を離れてゆきます。（86・87）

村時雨《むらしぐれ》

一しきり強く降っては通り過ぎてゆく雨のことで、一ところに降るのは**片時雨《かたしぐれ》**、横なぐりに降るのは**横時雨《よこしぐれ》**です。

また、時間で分けて、**朝時雨《あさしぐれ》**、**夕時雨《ゆうしぐれ》**、**小夜時雨《さよしぐれ》**ということがあります。

初時雨《はつしぐれ》が来ると、野山も人々も冬仕度を始めます。

山茶花梅雨《さざんかづゆ》

初冬に、比較的短い期間ですが、天気のぐずつくことがあります。ちょうどこの頃は山茶花の花が咲く季節なので、菜種梅雨に対して少しずつ広まってきた言葉です。**山茶花日和《さざんかびより》**の言葉もありますが、まだ俳句の季語としては定まっていません。

樹雨《きさめ》

濃霧の林を歩いていると、木の葉から雨が落ちてくることがあります。これが樹雨です。この雨は空から降ってきたものではありません。葉や枝についた霧粒が大粒の水滴になって落ちてきたものなのです。

大台ヶ原では、林の外よりも内の方が雨量の多い場合があります。

通り雨
北山時雨
片時雨　横時雨
朝時雨　夕時雨
小夜時雨　初時雨

山茶花日和

寒九の雨

寒九の雨《かんくのあめ》

寒に入って九日目に降る雨で、この雨は豊作の兆《きざし》といわれます。

寒の雨は、冬の雨よりも一層寒さが厳しく、梢に降りたった雨の雫が、忽ちのうちに凍りつくような響きがあります。

面白し雪にやならん冬の雨　（芭蕉）

私雨・外持雨

怪雨《あやしきあめ》

花粉、黄砂、火山灰などが雨に混じって降る現象で、含まれるものによって、黄色、泥色、黒灰色の雨になります。記録に残っている赤い雪も同じ現象と思われます。

外国では、蛙や魚ばかりか銀貨混じりの雨が降ったことがあり、これらは竜巻で巻き上げられたものが、他の場所に降ったのだろう、と考えられています。

近年は、酸性雨、放射能の雨も降ります。

天泣《てんきゅう》

空に雲が無いのに、細かい雨が降ってくるのが天泣。雨を降らせる雲が見当らないので、天が泣いた、と思ったのでしょうか。

雨が地面に届く前に雲が動いてしまったり、風上にある雲から落ちた雨が、風に流されてきたことなどが原因と考えられています。

狐の嫁入り、ともいいます。

作り雨《つくりあめ》

夏になると、昔はどの家でも打ち水をしたものです。最近は旅館や料亭にでも行かなければ見られなくなった光景ですが、濡れた飛石や灯籠、葉先から滴る雫を見ると、暑さを忘れます。

庭が広くなると水を打つ手間も掛かりますので、雨を作る仕掛けを設けている旅館もあります。これが作り雨です。

私雨《わたくしあめ》

限られた、ある土地だけに降る雨で、丹波、比叡、箱根、鈴鹿の私雨などと、山地で用いられることの多い言葉です。

干天続きの時の私雨は、一部の人が潤うだけです。そこで私雨という言葉は、個人の利得の意味を持つようになりました。

夕立ちのとりおとしたる小村かな　（一茶）

外持雨《ほまちあめ》

外持は、主人に内緒で家族や使用人が開墾した田畑や貯えたお金です。今様にいうならへそくりで、個人の利得です。

そこで、個人の利得になるような雨、つまり局地的な、限られた人だけを潤す雨を外持雨と呼んだのです。私雨の別の呼び名です。

ほまち田の水も落して夕木魚　（一茶）

露時雨

露

露《つゆ》

空気中の水蒸気が、冷えた草木に触れて水滴となったものが露で、秋の季語です。〇℃以下に冷えていると霜になります。

露は儚《はか》なく消えるものに譬えられ、露の命、露の身、露の間、露の夜と、和歌や詩、俳句に好んで用いられています。

露の玉つまんで見たるわらはかな（一茶）

結露《けつろ》

最近の家は気密性が良くなり、暖房も行き届いていますので、冬になると硝子や壁には汗をかいたように露が付きます。これが結露で、カビが生じるなど、建物への被害が発生します。

倉庫にしまっておいた機械部品が錆たり、ひどい場合は地下室に水が溜ってしまうことさえあります。

露は儚ないもの、とはいいながら、露の被害は馬鹿にできません。

露時雨《つゆしぐれ》

秋が深まると、野原一面に露が宿るようになります。陽の光を受けると露は輝きを放ち、草の上は銀のヴェールを広げたようです。その美しさに魅せられ、うっかりと草に分け入ろうものなら、露は雨でも降りかかるようにこぼれてきます。そこでこれを露時雨、といったのです。

もののふの露はらひ行く弰《ゆはず》かな（芭蕉）（90・91）

草の露

露玉《つゆだま》

草や木の葉に付いている、大粒の露を露玉、**草《くさ》の露《つゆ》**といいます。これは、木や草自身から出てきた水分が液状の粒となったものですから、空気中の水蒸気が凝結した露とは異なります。

また、蚜虫《ありまき》が葉先に分泌する小さな液を露玉ということがあります。この露は甘いので蟻は蚜虫を大事に保護します。

露玉

霧《きり》

発生原因によって放射霧、混合霧、蒸気霧、滑昇霧、移流霧、前線霧といい、湿霧、氷霧、霧氷霧《むひょうぎり》と、霧粒で分類することもあります。また、発生する場所によって盆地霧、都市霧、海霧、山霧、谷霧、川霧などといいます。複雑すぎて五里霧中ですが、**朝霧《あさぎり》**、**夕霧《ゆうぎり》**、**狭霧《さぎり》**、**霧《きり》の帳《とばり》**、**霧《きり》の雫《しずく》**など、文学の世界では言葉が豊かです。

霧

盆地霧

朝霧　夕霧　狭霧　霧の帳　霧の雫

都市霧《としぎり》

工場の多い地区や都会では、多量の煙や塵が空中に浮んでいます。

浮んでいる微粒子が固体なら煙霧、水滴なら霧です。煙霧と霧が混じったものはスモッグで、これは英語の煙(スモーク)と霧(フォッグ)の合成語です。

盆地霧《ぼんちぎり》

夜間の冷え込みや、周囲の山から流れ込む冷たい空気によって盆地に発生する霧をいいます。

鞭声粛々。上杉謙信は朝霧の千曲川を渡って武田信玄に襲いかかりました。川中島の戦いは陽暦の十月二八日。この地方の霧の季節です。

山里の朝

海霧《うみぎり》

春から夏にかけて、冷たい海面を暖かな風が吹き渡ると海霧ができます。また、真冬の日本海では陽気のような霧が立ち昇ります。両方とも海霧ですが、発生原因により前者を移流霧、後者を蒸気霧といいます。海霧が出来る原因は他にもあり、特に瀬戸内海では地形が複雑なために、霧の出来方も複雑です。
深い霧の海には霧笛が重苦しく咽び哭きます。俳句歳時記では**海霧**《じり》と呼び、夏の季語になっています。

海霧

海霧

川霧《かわぎり》

朝ぼらけ宇治の川霧たへだへにあらはれわたる瀬々の網代木（権中納言定頼）
この歌の霧は、晩秋から初冬にかけての、冷え込んだ朝に湧きあがる蒸気霧です。
宇治は茶の産地としても有名ですが、霧の湿り気が良い作用をするのか、川霧に限らず霧の多い土地に、茶や干し柿、蕎麦の産地が多いようです。

山霧《やまぎり》

湿った空気が山肌に沿って上昇していくと、冷やされて霧が発生します。これを滑昇霧といいます。
また、麓から眺める、山に掛かった雲も登山者にとっては山霧です。
霧しぐれ富士を見ぬ日ぞ面白き（芭蕉）
霧《きり》**しぐれ**とは、霧が深い様子を時雨に見たてたものです。

霧しぐれ

山霧

谷霧《たにぎり》

谷間を流れる霧のことで、層雲が掛かっているのも谷霧と呼ぶことがあります。
万丈《ばんじょう》の山千仞《せんじん》の谷　前に聳《そび》え後に支う
雲は山をめぐり　霧は谷をとざす
箱根は私雨で知られますが、霧もまた多い山です。

谷霧

靄《もや》

ごく小さな水滴が空中に浮遊する現象です。気象観測では、水平方向の視程が一キロメートル以上を靄、一キロメートル未満の、見通しの悪いのを霧としています。靄の中は、霧の中のような冷たさや湿っぽさはありません。

朝靄

霞《かすみ》

うすい煙のようなものが棚引いている様子をいい、霧のことも煙霧のことも、また山にかかった雲のこともあります。

さくら　さくら
やよいの空は　見わたすかぎり
かすみか雲か　匂いぞ出ずる
いざや　いざや　見にゆかん

霞は春の季語で、秋の季節のものは**秋霞《あきがすみ》**とします。

秋霞

霞

朧《おぼろ》

霞は昼間に用いる言葉で、同じ現象でも夜は朧といいます。月の輪郭ははっきりしなくなって**朧月夜《おぼろづきよ》**となります。

朧月夜

夕霞

3. 氷の章

雪化粧

雪《ゆき》

雲から落ちてくる、氷の結晶が雪です。雪国はともかく、太平洋側、暖かい地方の雪景色は新鮮です。そのために、古くから雪を花に譬えて**六花**《りっか》、**雪華**《せっか》などと呼んできました。古く雪の結晶が六方対称をしていたことは、古くから知られていたようで、天保年間、下総国古河城主の土井利位《どいとしつら》は、雪の結晶のスケッチを載せた『雪華図説』を著しています。

六花
雪華

雪

粉雪《こなゆき》

気温が低い時に降る、粉のような細かい雪で、雪の大きさは二ミリ位です。まだ固まっていない、さらさらした粉のような積雪も粉雪といいます。

粉雪は僅かな風にも舞い上がり、風の通っていくのを見ることがあります。

綿雪《わたゆき》

春先に降る、雪片の大きな雪のことで、まるで綿をちぎったような雪が降ってくるのをいいます。

大きな雪片は牡丹雪ともいいますが、中国の北京では、一番大きな雪を**鵝毛大雪**《ウモウタイシュエ》、大きな雪がひらひらと落ちてくるのを**片々雪花**《ピエンピエンシュエホア》というそうで、感じがよく伝わってくる言葉です。

風花《かざばな》

冬型の気圧配置で日本海側に雪が降っている時、脊梁山脈を越えた空っ風に乗って、きらきら光りながら雪片が舞い降りてきます。これが風花で、群馬県では**吹越**《ふっこし》といいます。

風花は、雪というには余りにも量が少なく、地面に舞い下りるとたちまち乾いてしまいます。

吹越

牡丹雪《ぼたんゆき》

春先になると、太平洋側でも雪が降ります。雪になる気温としては高いために、雪の結晶はくっつきあって、雪片として降ってきます。大きな雪片は、まるで牡丹の花のようです。

綿をちぎったように見えることから、綿雪ともいいます。

むまさうな、雪がふうはりふはりかな　（一茶）

鵝毛大雪
片々雪花

根雪《ねゆき》

北国の秋は短く、時雨が来たな、と思うと、すぐに初雪がやってきて、二番目、三番目の雪が続きます。

冬が始まったばかりの頃の雪は日を置かずに溶けますが、やがて溶けきる前に次の雪が追いかけてきて、積り始めます。これが根雪です。

こうなると、もう春まで雪が溶けることはありません。

是がまあつひの栖か雪五尺（一茶）

新雪《しんせつ》

地面や古い積雪の上に積ったばかりの雪をいいます。

新雪は一週間位で締雪に変ってゆきます。

べた雪《べたゆき》

暖かくなってから降る雪は溶けるのが早く、積った雪は水混じりでシャーベットのようです。これを俗に、べた雪といいます。

べた雪

締雪《しまりゆき》

次々に積った雪が、その重みのために全体が締ったものです。結晶は氷の粒になっています。新雪の場合は、雪の体積の九〇%が空気ですが、締雪の場合は約七〇%になる、といわれています。

粗目雪《ざらめゆき》

春が近づいてくると日射しが強まり、気温も高くなるので、積っている雪は溶けます。しかし、夜には再び冷えて凍り付き、氷の粒子になります。このことを幾度か繰り返すと、結晶は次第に大きくなって粗目糖のようになります。これが粗目雪で、春先によく見られます。（100・101）

どか雪《どかゆき》

一時に多量に降り積る雪をいいます。

気象庁の観測では、一日の降雪量が最も多かったのは富山県の真川で、昭和二二年二月二八日に一八〇センチの雪が降りました。

真川は、この他にも日本の最深積雪の記録も持っていて、昭和二〇年二月二六日には七五〇センチもの雪に埋まりました。

粗目雪

吹雪《ふぶき》

雪の日に風が強いと、降ってくる雪は風に乱れ、また一度地面に積った雪も吹き上げられて両方が空中を乱れ飛びます。気象観測では、降雪と地吹雪が同時に起きるのを吹雪と規定しています。吹き上げられた雪のために、雪が降っているのかどうか判らないこともありますが、これも吹雪です。

地吹雪《じふぶき》

雪が降り止んで青空が見えてきても、強い風が治まらないと、一日積った雪が空中に舞い上がります。これを地吹雪といいます。地吹雪が起きやすいのは、粉雪のような、乾いた雪の時です。風が弱い場所には、**吹《ふ》き溜《だま》り**が出来ます。

吹き溜り

細雪

細雪《ささめゆき》

はらはらと降る、息を密めていなければ消えそうな細やかな雪、あるいは斑に降る雪をいいます。谷崎潤一郎による同名の小説があり、代表作になっています。

斑雪《はだれゆき》

春になって**雪解《ゆきど》け**が始まると、陽当りの良い場所はどんどん雪が溶けていくのに、日陰はなかなか溶けないで、野の景色は次第にまだらになってきます。これが斑雪で、春の季語になっています。また地方によっては、ほろほろと降る、まだらに積る雪を斑雪と呼んでいます。

夜を寒み朝戸を開き出でて見れば　庭も斑にみ雪降りたり　（万葉集巻第十）

雪解け

斑雪

雪見《ゆきみ》

豪雪地帯の人にとっては、雪は自然との戦いです。しかし、雪見燈籠や雪見窓というように、雪の少ない所に住む人にとっては雪は自然からの美しい贈り物で、古くから雪見を楽しんできました。

いざさらば雪見にころぶところまで　（芭蕉）

沫雪《あわゆき》

『北越雪譜』（鈴木牧之編）には「春の雪は消えやすきをもって沫雪といふ。和漢の春雪の消えやすきを詩歌の作意とす、是暖国の事なり、寒国の雪は冬を沫雪ともいふべし。いかんとなれば冬の雪はいかほどつもりても凝凍《こほりかたまる》ことなく、脆弱《やはらか》なる事淤泥のごとし」と記しています。春の沫雪は淡雪《あわゆき》としてはどうでしょうか。

淡雪や一つかみづつ春の草　（鼠弾）

沫雪

淡雪

雪時雨《ゆきしぐれ》

時雨の語源は「過ぐる」であろうとされています。あるいは「し」は風を、「くれ」は狂であって、風に伴って忽然と降っては止む雨、などの説もあります。時雨の季節が進むと雨に雪が混じるようになり、いつしかすっかり雪に変ります。これを雪時雨と呼びます。比較的新しい言葉です。

雪時雨の雲

雪の華

雪の華 ゆきのはな

ほろほろと雪の降るのを花の散るさまに、また、木の枝に積った雪を花に譬えたものです。

馬をさへながむる雪の朝哉　（芭蕉）

垂雪 しずりゆき

木の枝などから雪が落ちるのをいいます。小さな葉に積った粉雪が、細やかな風に揺られて、さらさらと震えるように落ちることもあり、また、重い雪を弓なりになって耐えていた竹が、一気に雪を撥ね退け、**雪煙**《ゆきけむり》をあげることもあります。

雪煙

冠雪 かむりゆき

木や電柱などの天辺に、まるで冠を被せたように積る雪が冠雪です。**綿帽子**《わたぼうし》ともいいます。

雪は道端のお地蔵さんの上にも容赦なく積りますので「かさこ地蔵」の物語が生まれたのでしょう。長い冬を囲炉裏の前で過ごさなければならなかった雪国では、多くの民話が語り継がれてきました。

綿帽子

雪俵

雪玉

冠雪

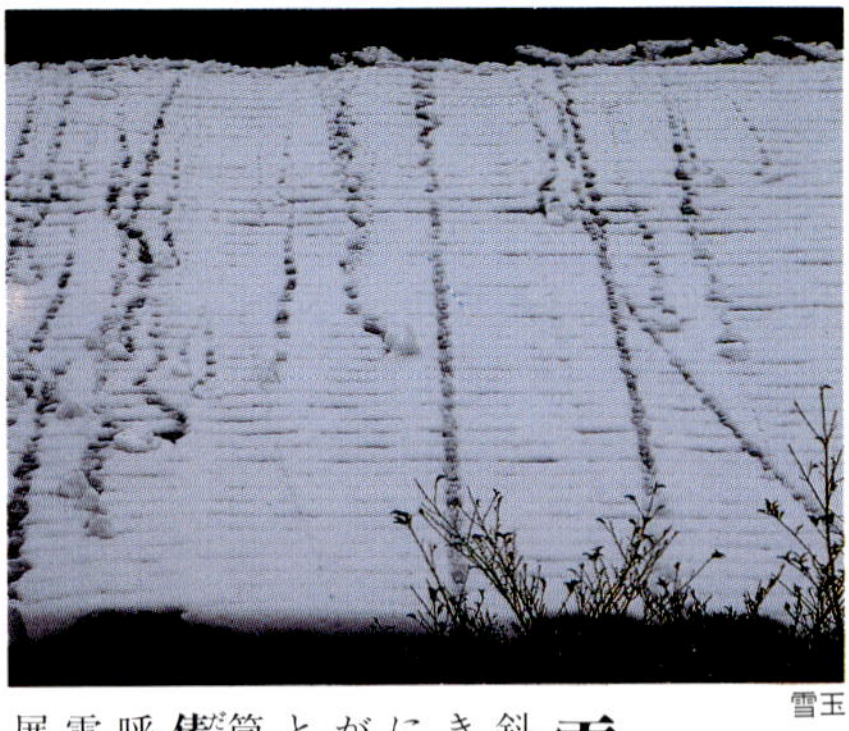
雪玉

雪まくり ゆきまくり

斜面に積った雪は、木の枝から落ちてきた雪や、突風など、何かのきっかけによって、表面がまくれてしまうことがあります。これが雪の斜面を転がると、ちょうどロールケーキのような円筒形になります。これを雪まくり、**雪**《ゆき》**俵**《だわら》といいます。丸くなったのは**雪玉**《ゆきだま》と呼びます。

雪の庄内平野は、自然が催す造形展の展覧会場です。

雪吊り《ゆきつり》

雪の重味で木が折れないように、幹に沿って支柱を立て、その天辺から八方に縄や針金を伸ばして、枝の一本一本を吊ります。

その形は、ちょうど傘を半分すぼめたようで、趣きのある風情です。

糸の先に木炭を結びつけ、これに雪をくっつける遊びがあります。これは雪釣《ゆきつり》です。

雪釣

雪紐《ゆきひも》

湿った雪は粘着性がありますので、木の枝や電線に積ったものが、ちょうど紐のように垂れ下がることがあります。これが雪紐です。物干し場の竿など、身近な所で目に留まります。

屋根の雪がずり落ちて軒に下がっているのは**巻《ま》き垂《だ》れ**といいます。

巻き垂れ

雪紐

巻き垂れ

筒雪《つつゆき》

電線の周囲に雪が着いて筒のようになることで、筒の太さが五〇センチになったこともあるそうです。

昭和六一年三月二三日、電線に付いた雪のために神奈川県内の十一基の鉄塔が倒れました。

このような日、気象台からは大雪注意報に加えて着雪注意報も発表されます。

筒雪

雪明り《ゆきあかり》

晋の車胤は蛍を集めて、その光で書を読み、孫康は雪の明りで本を読んだという故事に因み、苦労して学問することを**蛍雪**《けいせつ》といいます。

黒い地面の光の反射率は一〇%程度ですが、新雪では八五%前後にもなります。

雪が止んで雲の切れ間から月が照らすと、思いがけない明るさになります。

蛍雪

雪起し《ゆきおこし》

雪国で、雪の降る前や雪の降っている最中に**遠雷**《えんらい》や砲声のような雷鳴が轟くことがあります。このような時は大雪になることが多く、**一発雷**《いっぱつらい》と呼ぶ地方もあります。

雷は夏の風物詩と思われがちですが、日本海側では、むしろ冬の方が雷は多いのです。

遠雷　一発雷

鰤起し《ぶりおこし》

冬になって初めて鳴る雷を鰤起し、ということがあります。この頃は鰤漁が始まる時期であり、雷が鰤を誘い出すとも、雷鳴が漁を始める合図とも考えられたのでしょう。

鱩起《はたはたおこ》し、も同じ意味の言葉です。

鱩《はたはた》は雷魚とも書きますが、この場合はカミナリウオと読みます。ライギョと読むとタイワンドジョウになってしまいます。

鱩起し

雪下し《ゆきおろし》

屋根に積った雪をそのままにしておくと、家が潰されてしまいますので、これを下すことをいいます。

仮に雪の密度を〇・三とすると、積雪一メートルは一平方メートル当り三〇〇キログラムもの重さになり、計算上は一〇〇平方メートルの屋根上の雪の重さは一五トン。大人が二〇〇人以上も乗っているのに匹敵します。これだけの重さの雪を下すのは重労働です。

雪崩《なだれ》

雪崩は、積っている雪が一気に斜面を滑り落ちる現象です。

雪の質や発生の形、すべり面の位置の違いにより、日本雪氷学会では六通りに分類していますが、**あわ**、**なで**、**うわんぼう**、と土地によっては独特の名で呼んでいます。

あわ　なで　うわんぼう

冬の朝

雪庇《せっぴ》

山の尾根に、谷の方向に張り出して、帽子の庇《ひさし》のように積っている雪です。雪山を歩くと、どこまで尾根なのか判らず、うっかり雪庇を踏んでしまうと、転落してしまいます。

雪庇が自分の重さに耐えられなくなったり、風の力で谷に落ちると、これが引き金になって雪崩の起こることがあります。

残雪

白い石炭

残雪《ざんせつ》

雨は短い日数で川から海へ流れ出ます。ところが、山に積った雪は、ゆっくりと溶けて流れ出し、貴重な水資源となります。雪山は大きな貯水池でもあるのです。この水は、水力発電にとっても重要な資源です。そこで、火力発電の石炭に代るものとして、**白《しろ》い石炭《せきたん》**という言葉も生まれました。

立山に降り置ける雪の常夏《とこなつ》に
消《け》ずて渡るは神《かむ》ながらとぞ
（万葉集巻第十七）

雪形《ゆきがた》

山に積った雪が溶け始めると、残雪の形や溶けて黒くなった部分が、人の形や動物の形、あるいは道具の形に見えるようになります。昔は、この形によって豊作になるかどうかを占ったり、農作業を始める目安にしました。

農鳥岳、白馬岳、駒ヶ岳などは、雪形がそのまま山の名になっています。

雪濁

雪代《ゆきしろ》

春になって気温が急上昇したり、大雨が降ったりすると、積っていた雪が多量に溶けて洪水が起き、田畑も水を冠ることがあります。これが雪代です。

この雪解け水には氷のかけらが混じっていますので、水が濁って見えます。**雪濁《ゆきにごり》**ともいいます。

雪消の田

雪汁《ゆきしる》

「富士の裾野の雪汁に富士の河水増さりつつ」（盛衰記三十四）とあるように、雪汁は雪解けの水です。

雪消《ゆきげ》の水《みず》、雪水《ゆきみず》ともいいます。

山に積った雪は、ゆっくりと溶けて流れ、田畑を潤し、人々の喉も潤します。

雪渓《せっけい》

高い山に登ると、夏になっても谷間の雪は溶けきらずに残っています。雪質はザラザラですが、夏スキーを楽しんだり、グリセードの練習をしている姿を見掛けます。

北アルプスの槍ヶ岳、白馬岳、立山などの大雪渓が有名です。

雪汁

雪消の水
雪水

霙《みぞれ》

雨に混じって降る雪、あるいは溶けかかった雪が降ってくることで、雨と雪が同時に降ることをいいます。

霙という字は、天から降る意の雨と、華《はな》の意を示す英からなっています。

春雨にちる花みればかきくらしみぞれし空の心地こそすれ　（千載集・春下）

霰《あられ》

まだ本格的な冬がやってくる前に降ってくるのが霰です。屋根や地面にぱらぱらと音を立てて落ちてきて、文字通りはね返って散ってゆきます。

霰には二種類あって、気象観測では柔らかな乳白色の球状の氷の粒を**雪霰**《ゆきあられ》、一方、雪霰を芯にして周囲が氷の層で包まれている硬くて半透明のものを**氷霰**《こおりあられ》としています。いずれも大きさは二～五ミリで、これより大きいものは雹と呼びます。

一しきり矢種の尽るあられ哉　（蕪村）

我が袖に霰たばしるまき隠し消たずてあらむ妹が見む為　（万葉集巻第十）

雪霰　氷霰

雹《ひょう》

霰の大きなものが雹で、降ってくる氷の粒が五ミリ以上のものをいい、大正六年六月には埼玉県に重さ約三・四キロ、かぼちゃ大の雹が降った記録があります。霰や雹を降らせる雲は積乱雲、いわゆる入道雲です。それならば、夏の方が大きい雹が降りそうに思えますが、夏は気温が高い為に途中で溶けてしまって、大粒の雨となって落ちてきます。従って、雹の季節は四月や五月です。

氷雨《ひさめ》

北国の冬。一人ぽっちの部屋。曇った窓の外は冷たい雨。

氷雨は霙や霙混じりの冷たい雨をいいますが、本来は雹や霰の古い呼び名です。

氷雨の字の配列が逆になると雨氷《うひょう》。この雨氷は氷雨とはまた異なる現象です。

雨氷《うひょう》

雨や霧雨《きりさめ》が、地面や地物に当って、直ぐに凍りついた透明な氷のことです。

枯れ枝の一本一本を氷が包みこみ、朝日に煌めいたりすると、実に美しいものです。

氷霧《こおりぎり》

非常に小さな氷の結晶が空気中に多数浮んでいて、一キロ以上離れた場所がぼやけて見える現象です。光柱や暈《かさ》を見ることがあります。

霧氷と上下の字が置き替ると言葉の意味が変ります。

星のささやき

ソ連のヤクートでは、屋外の気温が氷点下四〇℃位まで下がると、大気中の水分が全て結晶となって氷霧が発生し、町中がミルクの中に入ってしまったように見えるそうです。

そして、氷点下五〇℃ともなると、人の吐く息さえも凍ってしまい、かすかな音となって耳に届くそうです。土地の人は、これを星のささやき、といっています。

細氷《さいひょう》

非常に小さい氷の結晶が空気中をゆっくり落ちてきたり、浮んでいる状態です。氷霧と同じといえば同じですが、細氷は水平方向の視程が一キロ以上の場合をいいます。

太陽にきらきら輝くことから、**ダイヤモンド・ダスト**と呼ばれ、こちらの名の方が一般的です。

ダイヤモンド・ダスト

霧氷《むひょう》

摂氏〇℃以下の霧や湿った空気が、木や地物に付着し、その水分が凍りついて出来る白色や半透明の氷を霧氷といいます。

霧氷は、出来方によって樹霜、樹氷、粗氷の三種類があります。

木花《きばな》、花《はな》ぼうろ、ともいわれます。

木花　花ぼうろ

樹霜《じゅそう》

空気中の水蒸気が樹木などに直接凍りついたもので、氷の結晶は針や板、樹枝のような形をしています。

冬の晴れた夜、地面付近が冷やされ、気温が氷点下五℃位まで下がってくると、樹木はまるで霜が付いたように白くなります。

樹氷《じゅひょう》

気温が、およそ氷点下五℃以下になって、過冷却した霧や雲の細かな粒が冷たい樹木や地物にぶつかり、瞬間的に凍りついた白い不透明な氷です。
尾びれ状になったのを**海老《えび》の尻尾《しっぽ》**、樹木全体が氷で覆われたのを**モンスター**と呼びます。
氷花《ひょうか》、ということもあります。

海老の尻尾　モンスター　氷花

粗氷《そひょう》

出来方は樹氷と同じですが、氷は半透明か透明に近く、気温が、氷点下でも〇℃に近い時に出来ます。

粗氷が出来る条件よりも更に気温が高い場合は瞬間的に凍らず、ゆっくりと凍って透明な氷になります。これは雨氷といいます。

氷《こおり》

水が凍ったものです。

大気中においては、氷晶や雪片、雹や霰がそうですし、地上では霜、雨氷、霧氷、氷河なども氷です。

水が気体になったものは水蒸気です。


大地凍て氷のかけら其処此処に　（高浜虚子）

氷

氷

氷

凍上《とうじょう》

地上の気温が○℃以下の日が続くと、地中の水分が凍って膨張し、周囲の地面を持ち上げます。これが凍上で、アスファルト道路を壊したり線路を持ち上げたりします。

しかし、寒冷地でも積雪の多い所では凍上はありません。雪が掛け布団の役割をして、地中の気温が下がるのを防ぐためです。

氷の花《こおりのはな》

風のない、静かな夜に凍った氷は、六角形など氷の結晶特有の美しい花文様になります。この美しい自然の造形を氷の花と呼びます。

御神渡り《おみわたり》

寒い日が続くと、湖の氷は次第に厚味を増してゆきます。水が凍ると体積は増えますから、その圧力で氷が割れ、割れ目はほぼ直線上に湖を横断します。諏訪湖周辺では、これを諏訪大明神が上社から下社へお渡りになるものと伝えてきました。よく似た言葉に**神渡**《かみわたし》があります。神渡は陰暦十月に吹く西風で、神を出雲へ送る風です。

神渡

垂氷
銀竹

氷柱《つらら》

垂氷《たるひ》、**銀竹《ぎんちく》**ともいいます。氷柱は、水の滴りが氷点下の空気に触れて次々に凍り、棒状に垂れ下がったものです。
氷柱は、樹や岩からも成長しますし、寒い冬は、軒先から延びたものが地面に達することもあります。

氷柱

氷河《ひょうが》

高緯度地帯では、夏になっても雪が溶けきれず、次第に厚く積ってゆきます。そのうちに、下の方の部分は押し固められて、透明な氷になります。こうして出来た氷が厚くなり、谷を流れ出したのが氷河です。

氷河は、硬い氷が流れますので、谷間の浸食が激しく、特徴のある地形を造り出します。

海氷《かいひょう》

海の水が凍ったものを海氷といいます。オホーツク海やベーリング海、バルト海の海氷は、その年の夏までに溶けてしまいますが、北極や南極の海では溶けることがありません。

海氷を見ることが出来るのは、世界の海の一割の面積と考えられています。

氷山《ひょうざん》

氷床や氷河の氷が流れ出して海に浮んだものが氷山です。全体の大きさの七分の一が海面に出ているだけで、ほとんどの部分は海中に隠れています。一九一二年四月十四日の夜、英国のタイタニック号が北大西洋で氷山と衝突し、二二〇〇名の乗員のうち一五〇〇名余りが死亡しました。これは世界最大の海難事故といわれています。

流氷《りゅうひょう》

海氷のうち、岸から離れて漂うのが流氷です。春先になると、北海道のオホーツク海沿岸には流氷がやってきます。流氷の動きは複雑ですが、人が歩く位の速さで動くことがありますから、一晩のうちに湾内が流氷で埋まってしまうこともあるそうです。

霜

霜《しも》

空気中の水蒸気が、〇℃以下に冷えた地物に凍りついて氷の結晶になったものです。
三《み》つの花《はな》、**さわひこめ**、**青女《せいじょ》**などの美しい異称があります。
まだらに置いたのを**はだれ霜《じも》**、一面に置いたのを**霜《しも》だたみ**、しんしんと冷えて霜を置く音が聞こえそうな感じがするのを**霜《しも》の声《こえ》**といいます。（114・115）

たんぽぽのわすれ花あり路の霜　（蕪村）

天雲の外《よそ》に雁がね鳴きしより斑霜《はだれしも》降り寒し此夜は（万葉集巻第十）

三つの花
さわひこめ
青女
はだれ霜
霜だたみ
霜の声

霜道《しもみち》

冷たい空気は、高い所から低い方へ流れます。この空気が〇℃以下なら、空気の流れに沿って霜が降りますので、これを霜道と呼びます。
また、窪んだ土地は冷気が溜まって霜が降りやすく、このような場所を**霜穴《しもあな》**とか**冷気湖《れいきこ》**といいます。
遅霜を防ぐ目的で、霜道の入口に防霜林を作ったりします。

冷気湖
霜穴

露霜《つゆじも》

陽が昇るにつれて気温が上がってくると、霜の一部が溶けてきます。このような、液体状の水分の多い霜を露霜といいます。
露霜は**水霜《みずしも》**ともいわれ、『万葉集』にはしばしばみられる言葉です。

秋さらば妹に見せむと植ゑし萩露霜負ひて散りにけるかも（万葉集巻第十）

水霜

霜華《しもばな》

氷や雪の上の地物に、羽のような、あるいはひげのような形でくっついた霜の結晶を華に譬えたものです。
窓に出来る**窓霜《まどしも》**を霜華と呼ぶことがあります。

窓霜

露霜

茶畑の送風機

忘れ霜《わすれじも》

晩春から初夏にかけて降りる遅霜《おそじも》のことで、ちょうど発芽の時期にある桑や茶に大きな被害が出ることがあります。茶畑に立つ送風機は、空気を掻き乱して霜の降りるのを防ぐためのものです。

霜が降りるのは、よく晴れて風のない、しんしんと冷えた夜です。そこで**霜日和**《しもびより》、**霜凪**《しもなぎ》の言葉があります。

遅霜　霜日和　霜凪

霜柱《しもばしら》

霜柱は、地中から浸み出てきた水分が凍って成長したもので、名前は霜でも霜とは出来方が全く異なります。

ローム層のように、粒子の細かい粘土と砂が混じっている地質の所に出来やすく、都心でも寒い日が続くと、日陰の土に霜柱が立っています。

霜柱

凍露《とうろ》

一度露が結んだあと、気温が〇℃以下になると露はその水玉のままで凍ります。これが凍露です。最初から直接凍って、草や木の葉の表面に氷の結晶となって着くのは霜です。

凍雨《とうう》

雨滴が凍って、透明あるいは半透明な氷の粒になって落ちてくるのが凍雨です。

氷の粒の大きさは、直径が五ミリ以下で、形は球形または不定形です。

堅い地面に降ってくると、音をたてて撥ね返ります。

4. 光の章

空の名前
Page 118

虹の懸け橋

曙

青空《あおぞら》

太陽の光はもともと無色ですが、プリズムで色を分けると、波長の短い方から順に、紫、藍、青、緑、黄、橙、赤と、虹のような七色になります。日光が空気の中を進む時、空気中の浮遊物（細塵）に衝突すると波長の短い光線は散乱されます。その散乱された青系の色が私達の目に届き、空が青く見えるのです。

青空

白い空《しろいそら》

晴れていても、空気中に水蒸気やホコリが多いと、波長の長い赤系の色まで散乱し、空は白っぽくなります。春や夏、晴れているのに空が白っぽく見えるのは、水蒸気や塵が多いせいです。

智恵子は東京に空がないといふ
本当の空が見たいといふ（高村光太郎『智恵子抄』）

都会の空が白いのは、汚染物質が多いせいです。

曙《あけぼの》

夜がほのぼのと明ける時分をいいますが、「春はあけぼの」というように、麗かな、春の夜明に似合う言葉です。この時間帯の言葉に、**夜明《よあ》け**、**暁《あかつき》**、**有明《ありあけ》**、**朝《あさ》ぼらけ**、などがあります。

朝がまだ明けないのは、**朝《あさ》まだき**です。

（120・121）

夜明け
暁
有明
朝ぼらけ
朝まだき

東雲《しののめ》

原始的な住居は、篠竹を粗く編んだ編目から明りを採っていましたので、篠の目は、明り採りの意味になりました。

日が暮れると明りは途絶えますが、夜が明けると、篠の目からは朝の光りが射し込みます。そこで、言葉の意味は更に転じて、夜明けそのものをいうようになり、東雲の字を用いるようになったのです。

東雲

黄昏《たそがれ》

夕暮れの、うす暗い時分をいいます。

誰《た》そ彼《かれ》と問はば答へむ術をなみ君が使ひを帰しつるかも（万葉集　巻第十一）

「誰そ彼は」と、人の顔も見分け難い時間が黄昏です。

夕《ゆうべ》、**夕方**《ゆうがた》、**夕**《ゆう》**まし**、**夕間**《ゆうま》（**目**）**暮**《ぐれ》と、この時間帯は美しい言葉が豊かです。

黄昏

夕
夕方
夕まし
夕間暮

夕映え《ゆうばえ》

夕日の光を受け、まわりの物が美しく輝いて見えるのをいいます。（124）

夕映え

茜空
茜雲

茜《あかね》

茜は、アカネ科の多年生蔓草で、根で染めると、やや沈んだ赤色になります。

茜色に染まった空や雲は、**茜空**《あかねぞら》、**茜雲**《あかねぐも》で、「茜さす」は、日、昼、照る、君、紫などにかかる言葉です。

茜さす日の昏れ行けば術をなみ千重《ちえ》に嘆きて恋ひつつぞをる（万葉集巻第十二）

茜

夕映え

朝焼け・夕焼け《あさやけ・ゆうやけ》

朝夕は太陽高度が低いために、空気の中を通る太陽光線の距離が長くなります。従って、波長の長い光線しか届かず、朝夕の空は黄色や赤色が強くなります。

台風が近づいている時や、大雨の後などは、空気中の水蒸気が多いために、真っ赤な夕焼けになります。「夕焼けは晴れ」この有名な諺《ことわざ》も、台風が接近しているような場合には当てはまりません。

薄明《はくめい》

太陽が地平線に沈んでも、急に真暗になるわけではありません。まだ暫くは屋外活動が出来る位の薄明るさが残ります。これを薄明といいます。

薄明の時間は、緯度や季節によって多少異なりますが、日本では概ね三〇分です。

夕焼け

薄明

暈《かさ》

巻層雲が太陽や月に掛かると、その周囲に色づいた光の輪や弧、あるいは柱が見えることがあり、これらを総称して暈といいます。

最も多く見られるのは、視半径が二二度位の**内暈**《うちがさ》です。**外暈**《そとがさ》や幻日が現れることもあります。

内暈　外暈

暈

内暈と外暈

幻日《げんじつ》

暈のうち最も多く現れるのは内暈で、次に多いのは幻日です。幻日は内暈と水平面の接点から幾分外側に現われる光の塊りで、尖った形で太陽と反対方向に尾を引き、太陽に近い方が赤い色です。

写真では、太陽の周囲に薄く内暈が現われ、その外側（画面左）に幻日が見えます。

幻日

光冠《こうかん》

高層雲などが太陽や月に掛かって出来る、視半径二~五度の光の輪を光冠、あるいは**光環**《こうかん》と呼びます。

光冠の色の配列は暈とは逆で、外側が赤色、内側が紫色です。

西洋ではこれを黄金の羊、神の使いの羊と呼ぶそうです。

光環

光冠

彩雲《さいうん》

太陽の近くにある高積雲などの縁が、美しく五色に輝くのをいいます。古くから、**景雲**《けいうん》、**五雲**《ごうん》、**慶雲**《きょううん》、**瑞雲**《ずいうん》、**紫**《し》**雲**《うん》などと呼ばれ吉祥とされています。神護景雲、慶雲のように年号が改められたこともあります。

景雲　五雲　慶雲　瑞雲　紫雲

彩雲

虹《にじ》

夕立が止んで、雲の切れ間から太陽の光が射し込むと、大きな虹の懸け橋が出来ます。

虹は、水滴がプリズムの役目をして出来るもので、太陽を背にしないと見ることが出来ません。虹の色は外側が赤、内側では紫ですが、色がはっきりしないこともあります。

私達は、虹の色は七色と思っていますが、外国では五色としている所や、六色としている所もあるそうです。

虹

二本の虹

二本の虹 にほんのにじ

普通、虹は一本ですが、稀に二本の虹が現われることがあります。気象の分野では、内側の虹を**主虹**《しゅにじ》、外側の虹を**副虹**《ふくにじ》といいます。主虹の輪の色は外側が赤、内側が紫ですが、副虹の輪の色は外側が紫、内側が赤と、主虹とは逆の配列になります。

主虹
副虹

虹の神話 にじのしんわ

昔は、虹は大変不思議な現象と思われていました。神話では虹は天と地を結ぶ道、とされていますし、虹の端が地面に接する所を掘ると宝物が出てくる、という類の言い伝えは各地に伝わっています。しかし、虹は空中に懸ったものですから、虹の橋のたもとに行き着くことは出来ません。

一とほりむら雨はるる跡よりも夕日のわたす虹のかけはし（常白詠草・雑）

白虹 しろにじ

霧や霧雨の時、白い虹が現われることがあります。虹は、水滴に出入りする光の屈折と反射で出来、水滴が大きいほど色が鮮やかです。夕立のあとの虹が鮮やかなのは大粒の雨が降るためです。これに比べて、霧雨や霧の粒は大変小さいために白い虹となります。**霧虹**《きりにじ》ともいいます。

霧虹

水平虹 すいへいにじ

虹は空に懸かるものとは限りません。水田にも懸かることがあります。稲が育つ頃に、葉や茎、水面に浮んだ塵や埃に露が宿り、これに太陽の光が当たると虹が見えることがあります。

空の虹は垂直に懸かりますが、水田の虹は水平に懸かり、楕円形や放物線状に見えます。

御来迎《ごらいごう》

山に登ると、光の輪を背負った仏様のような影を見ることがあります。これが御来迎で、**御光**《ごこう》、**山**《やま》**の御光**《ごこう》ともいいますが、実際は自分の影が雲に写ったものです。御来迎から生まれた言葉に**御来光**《ごらいこう》があり、これは山で見る日の出のことです。

御光　山の御光　御来光

ブロッケンの妖怪《ブロッケンのようかい》

御来迎のことです。間近にある霧に写った自分の大きな影に驚き、まるで妖怪でも現われたように思えたのでしょう。ドイツのハルツ山地のブロッケン山でよく見られるので、このように呼ばれます。

天使の梯子《てんしのはしご》

「ヤコブが、イザクから祝福を受けてイスラエルの地に旅した時、ある土地で石を枕に寝ていると、天に通じる階段が出来て、天使が上がったり下がったりしているのを夢みた。ヤコブは、ここが天の門の地と知り、神に祈ってここにイスラエルの国をつくった。」

（旧約聖書　創世記第28章）

雲の切れ間から射し込む、幾筋もの神々しい御光は、あたかも天と地を行き交うための階段のように思えます。そこでヨーロッパでは、これを天使の梯子、**ヤコブの梯子**《はしご》などといっています。（130・131）

ヤコブの梯子

天使の梯子

天使の梯子

入日の御光

入日の御光《いりひのごこう》

夕方になって、太陽の光が雲や山の間を通り抜けると、夕映え空に幾筋もの光の帯が描き出されることがあります。これを入日の御光といいます。

太陽から降り注ぐ光線は平行線なのに、私達の目には放射状に広がっているように見えます。それは、まっすぐに伸びる電車の2本のレールが、先の方では一点に見えるのと同じ理由です。

日の出　日の入り

裏御光《うらごこう》

日《ひ》の出《で》や**日《ひ》の入《い》り**の時、太陽の方向にある雲の隙間を通り抜けた光が、太陽とは反対側の地平線を中心にして、帯状の、明暗の縞模様に見えることがあります。これを裏御光といいます。

蜃気楼《しんきろう》

光の異常屈折現象の一つで、砂漠で遠方にオアシスがあるように見えたり、海上の船が逆様に浮き上がって見えるものです。昔は、蜃（大ハマグリ）が気を吐いて楼閣を描くものと考えられていました。富山湾の蜃気楼は特に有名で、魚津市からは、普段は見えない富山新港付近の風景が浮き上がって見えます。

竜王遊び《りゅうおうあそび》

蜃気楼の異称です。発生原因が判らない時代、蜃気楼は大変不思議な出来事で、神や狐が造るもの、と考えられていました。そこで蜃気楼は**狐《きつね》の館《やかた》**、**蓬莱《ほうらい》の島《しま》**、**鬼《き》（喜）見城《みしろ》**、**蜃楼《しんろう》**、**海市《かいし》**、**貝楼《かいろう》**、**空中《くうちゅう》楼閣《ろうかく》**などと名付けられたのです。イタリアでは、**モルガナのお化け**と呼ばれています。

不知火《しらぬい》

九州の有明海や八代海の沖合の、夏の夜に現われる火影のことです。これは遠くの漁船の漁火が複雑に屈折して見る者の目に届くためで、蜃気楼の一種です。昔は正体が判らなかったので不知火、と呼んだのでしょう。

セント・エルモの火《セントエルモのひ》

激しい雷雨の夜などに、船のマストのような尖った物の先端に現われる、火炎状の青紫色の光のことで、一種の放電現象です。高い山にはよく現われます。セント・エルモは、船乗りの守護神、セント・エラスムスの名がなまったものです。

狐の館　蓬萊の島　鬼見城　蜃楼
海市　貝楼　空中楼閣　モルガナのお化け

逃げ水《にげみず》

良く晴れた日、舗装された道路面の遠くの方に、水たまりがあるように見えることがあります。ところが、近づいてみてもそこには何も無く、更に先の方に水たまりがあるように見えます。水たまりが、どんどん先の方に逃げていくので、これを逃げ水といいます。

蜃気楼の一種で、武蔵野の逃げ水は有名です。**地鏡《ちかがみ》**ともいいます。

浮島

陽炎

陽炎《かげろう》

日射しの強い日は地面が熱せられ、暖められた地面付近の空気は上昇します。するとそこへ、周囲からまだ暖められていない空気が流れ込んできます。性質の異なる空気の層を通る光は複雑に屈折をしますので、地面付近の風景は揺らいで見えます。

糸遊《いとゆう》、**遊糸《ゆうし》**の別名があります。

陽炎や名もしらぬ虫の白き飛《とぶ》（蕪村）

糸遊
遊糸

オーロラ

主に高緯度地方に現われる発光現象です。カーテン状、ベルト状など形はさまざまで、ゆらめくものも、動かないものもあり、赤や緑、紫などの色を発します。太陽活動が激しい時は、日本のような中緯度帯でも稀に見られることがあります。

白夜《はくや》

北極や南極に近い高緯度では、夏になると日の入りと日の出の間の時間が短くなります。これに更に薄明の時間が加わると、ほとんど一晩中暗くならない状態になります。これが白夜で、びゃくや、ともいいます。

5. 風の章

空の名前
Page 134

旅立ち

春一番《はるいちばん》

春になって初めて吹く強い南風のことで、春の嵐です。もともと一部の漁業関係者の間で使われていた言葉が広まったものです。

春一番に続く強い南風を、春二番、春三番と呼ぶことがあります。

東の風《あゆのかぜ》

日本海を航路とした松前船が順風として利用した風で、日本海沿岸で吹く東寄りの風をいいます。

大伴家持は長歌に「東《あゆ》の風いたく吹くらし奈呉、海人《あま》の釣りする小舟漕ぎ隠る見ゆ」と詠み、「越俗語東風謂之安由之可是也」と記しています。

東風吹かば

東風《こち》

「東風吹かば匂ひおこせよ梅の花、主なしとて春な忘れそ」菅原道真の歌以来、東風は春を告げる風として有名です。けれども、東風《こち》と呼ぶ例は比較的少なく、その上に何らかの名詞や形容詞がつくことの方が多いようで、それによって意味も変ってきます。
雲雀東風《ひばりごち》、へばるごち、あめごち、**鰆**《さわら》ごち、**桜**《さくら》ごち、**梅**《うめ》ごち、**正東風**《まごち》、**強東風**《こわごち》などがあります。

雲雀東風　へばるごち
あめごち　鰆ごち　桜ごち
梅ごち　正東風　強東風

くだり

松前船が上方から戻る時に利用した順風で、都から下る時の風、という意味です。従って、風の向きは海域によって異なり、瀬戸内海を西へ航海している間は東寄りの風、日本海へ入れば南寄りの風が望ましい訳です。要は、松前船が蝦夷の地へ戻るのに都合の良い風をいったものと思われます。

出風《だしかぜ》

船を出すのに都合のよい、陸から海に吹く風を、だし、出風《だしかぜ》といいます。風の向きは土地によってさまざまです。
清川《きよかわ》だし、**荒川**《あらかわ》だし、**羅臼**《らうす》だし、と土地の名を冠せたり、いぬいだし、ひがしだし、と吹いてくる方角を冠せることがあります。

出風

だし　清川だし
荒川だし　羅臼だし
いぬいだし　ひがしだし

真艫《まとも》

風が船の後部からまっすぐに吹くのをいいます。帆掛船にとっては誠に具合のよい順風です。広い意味の順風は、**追手**《おいて》、**追風**《おいかぜ》、**帆風**《ほかぜ》などと呼ばれます。

追手　追風　帆風

比良の八荒

貝寄風《かいよせ》

陰暦二月二二日、大阪四天王寺では聖霊会が執り行われ、この際に貝で造った造花が供えられます。使われる貝は難波の浦に吹き寄せられたものです。そこで、この時期に吹く西寄り風を貝寄風というようになりました。

涅槃西風《ねはんにし》

陰暦二月一五日は、釈迦寂滅の日とされていて、寺院では釈尊の遺徳を追慕する涅槃会《ねはんえ》が営まれます。この涅槃会の前後に吹く強い西風が涅槃西風で、浄土からの迎いの風、といわれています。

風光る《かぜひかる》

うらうらと晴れた春の日は、光が満ちて風が光っているように感じられます。風を心地好いと感じるのは、厳しい冬を乗り切ったあとの心のゆとりかもしれません。

日の春のちまたは風の光り哉　（暁臺）（138・139）

比良の八荒《ひらのはっこう》

陰暦二月二四日前後に寒気がぶり返し、琵琶湖上に吹き下りる強い風をいいます。関西では、比良の八荒が済まない内は本当の暖かさにはならない、とされ、これを**荒仕舞**《あれじま》いといいます。

涅槃西風の別の呼び名と思われます。

漣《さざなみ》の比良山風の海吹けば釣りする蜑の袖かへる見ゆ（万葉集巻第九）

荒仕舞い

風光る

春嵐 はるあらし

春は、低気圧が日本海で発達することが多く、よく強い南風が吹きます。嵐の字は、山と風を組み合せた字ですが、風が強いだけでなく、暴風雨の意味もあります。春の嵐は、海や山での遭難、フェーン現象による火災や雪解け洪水、雪崩などの災害を起こします。

春嵐

旋毛風 つむじかぜ

旋毛とは、渦のように巻いている、という意味で、人の毛髪の頭頂の渦も旋毛です。旋毛風は**旋風**《せんぷう》、**辻風**《つじかぜ》ともいって、道路の角や運動場でよく見られ、埃や塵を空中に舞い上げます。　旋毛風の規模の大きいものが竜巻です。

旋風
辻風

春疾風

春疾風 はるはやて

疾風《はやて》は、急に激しく吹き起こる風で、**はやち**、ともいいます。春疾風は春の強風です。

多くは寒冷前線によるもので、突風が吹いたり、竜巻が起きることもあります。

古い時代には、嵐は竜が起こすもの、と考えられていて、『竹取物語』には「疾風《はやて》も龍の吹かするなり」とあります。

疾風
はやち

薫風 くんぷう

新緑の頃、そよそよと吹いてくる、爽やかな薫るような風をいいます。唐の詩人、大宗は「薫風南より来り、殿閣微涼を生ず」と詠いました。風薫《かぜかお》る、といい代えると、言葉が柔らかくなります。

薫風

ようず

『物類称呼』に「播磨辺　又四国にて春南風にて雨を催す風をやうずと云」とあります。この風に当ると人畜が病気に罹る、との説もありますが、語源は定かではありません。ようずが吹くとしばしば雨になることから、湿気の多い、どんよりと曇った雨催《もよ》いの天気や、雪解けを促がす暖かい雨をようすと呼ぶ土地があります。

凱風《がいふう》

和らいで吹く風で、主に南風を指します。

葛飾北斎の『富嶽三十六景』のうちに「凱風快晴」があり、これには高積雲が描かれています。

花信風《かしんふう》

中国では、春の風に花を定めました。それは、小寒から穀雨までを八気に分け、一気を更に一候、二候、三候と分けて二十四候。一候は五日間で、それぞれの候に花の名を定める、というものです。これが、「二十四番、花信風」です。

花信風は、梅花《ばいか》に始まって山茶花《さんちゃか》(椿)、水仙と続き、最後の楝花《れんか》(栴檀《せんだん》)の風が吹くと立夏です。

山茶花(椿)

青嵐

流し《ながし》

房総半島から伊豆半島にかけての地域では、梅雨の前後に吹く、湿った南風を流しといいます。茅《ちがや》の花が綿のようにほぐれる頃の南風は**茅《つばな》流《なが》し**、筍《たけのこ》が採れる頃は**筍《たけのこ》流《なが》し**、木の芽時のを**木《き》の芽《め》流《なが》し**、ということがあります。

一方、九州、四国では、梅雨そのものを流し、という所があります。

茅流し
筍流し
木の芽流し

青嵐《あおあらし》

青々とした草木や、野原の上を吹き渡っていく風で、嵐の字を用いることからも判るように、薫風よりも幾分強い風をいいます。

長雨の空吹出せ青嵐　(素堂)

真風《まじ》

伊豆半島から瀬戸内海地方にかけて使われる風の名で、春から夏に吹く弱い南風のことです。桜の花の咲く頃のは**桜真風**《さくらまじ》、油を流したように穏やかな油風の上を渡っていくのは**油真風**《あぶらまじ》です。

桜真風　油真風

桜真風

南風《はえ》

主に西日本に伝わる言葉で、南風を意味します。『物類称呼』という江戸時代の本には、五月梅雨に入りて吹くのを**黒南風**《くろはえ》、梅雨半ばに吹くのを**荒南風**《あらはえ》、梅雨晴るる頃より吹くのを**白南風**《しろはえ》と言う、との説明があります。俳句の世界では比較的使われることの多い言葉です。

黒南風　荒南風　白南風

山背の雲

山背《やませ》

本来は、山を吹き越えてくる夏の東風をいいましたが、現在は、主に三陸地方に吹く、夏の冷たい北東の風を指すようになっています。山背が続くと、北日本では稲の生長が阻まれ、冷害の起きることがあります。「寒サノ夏ハオロオロ歩キ……」宮沢賢治が記した寒サノ夏は、山背によるものと考えられています。

スコール

南洋の雨、のように思われますが、スコールは、疾風《はやて》、突風のことで、本来の意味は急激におこる風速の著しい変化のことです。風の変化だけの時は**ホワイト・スコール**、同時に雨が降るのは**ブラック・スコール**、雷が鳴るのは**サンダー・スコール**と区別します。

ホワイト・スコール
ブラック・スコール
サンダー・スコール

ブラック・スコール

日方《ひかた》

日のある方、つまり南の方から吹いてくる風、と考えられていますが、言葉の意味は地域によって異なります。

山陰地方の日方は、夏や秋の、晴れた夜に吹く陸風を指しますが、日本海北部では、災害をもたらす強い南風をいい、雨を誘う強風に変る、とする土地もあります。


天霧《あまぎら》ひ西南風《ひかた》吹くらし水茎の遠賀《おか》の水門《みなと》に波立ち渡る（万葉集巻第七）

いなさ

主に東日本に伝わる言葉で、特に台風の季節に吹く南寄りの暴風をいいます。

いなさは大雨を伴うことがあり、陸上では風水害を起こし、海上では海難を起こす恐ろしい風です。

いなさ

やまじ

愛媛県の燧灘に面する平野部では、法皇山脈から吹き下りてくる強い風を、やまじ、と呼んでいます。

東日本のいなさに対して、西日本では台風の季節の南寄りの暴風を、やまじと呼ぶ所が多いようです。

タイフーン　颱風

台風《たいふう》

気象庁では、熱帯低気圧のうち、圏内の最大風力が八以上（毎秒一七メートル）のものを台風と呼んでいます。

台風は英語でタイフーン。良く似ているのは当り前で、台風はタイフーンの当て字です。

以前は**颱風**《たいふう》と書きましたが、漢字の使用制限で台風になったのです。

台風前面の雲

野分

野分 のわき（のわけ）

野を吹き分ける風、草木を吹き分ける風の意味で、台風などに伴う秋の暴風をいいます。『枕草子』には「野分のまたの日こそ、いみじうあはれにをかしけれ。立蔀《たてじとみ》、透垣《すいがき》などのみだれたるに、前栽どもいと心くるしげなり。」とあり、颱風という言葉が使われる前は、野分といっていました。

猪もともに吹るゝ野分かな　（芭蕉）

嵐 あらし

吹くからに秋の草木のしをるればむべ山風をあらしと言ふらん

六歌仙の一人、文屋康秀が詠んだ歌が嵐の意味そのものです。

嵐の吹く上方は**嵐《あらし》の上《うえ》**、下方は**嵐《あらし》の底《そこ》**、吹いてくるもとの方を**嵐《あらし》の奥《おく》**、吹き進む方を**嵐《あらし》の末《すえ》**といいます。

嵐の上　嵐の底
嵐の奥　嵐の末

風巻 しまき

烈しく吹く風のことです。「し」は風の古語で、平安時代末にはすでに和歌に使われていたそうです。

『俳句歳時記』には、**雪風巻《ゆきしまき》**が冬の季語として載っているものもありますが、これを風巻と略している場合があって、言葉の定義は定まっていないようです。

雪風巻

雁の渡り

雁渡し かりわたし

晩秋の、雁の渡ってくる頃に吹く北風のことで、**青北風《あおぎた》**ともいい、秋の季語です。

これに対する春の季語には、帰雁、行く雁、いまはの雁、などがあります。それにしても、帰雁とみるか、行く雁とみるべきか。雁に国籍など無いのですから。

青北風

ミーニシ

暑さの厳しい沖縄でも、寒露の頃になると季節を振り分けるようにして北寄りの季節風が吹くようになります。これがミーニシで、「新しい北風」です。この風に乗って、九州の都井岬からはサシバが渡ってきます。暑くて長かった夏からようやく解放されるとあって、サシバの渡しは沖縄にとっては一つの風物詩です。

凩

木枯し《こがらし》

初冬に吹く、木の葉を吹き落して枯木のようにしてしまう、冷たい強い風のことです。

木枯しは、木嵐から転化した言葉、との説があり、凩《こがらし》の字もあります。

山里の賤の松垣ひまをあらみ痛くな吹きそ木枯の風

（後拾遺集）

和歌には好んで詠まれました。(146)

富士おろし　筑波おろし
赤城おろし　那須おろし
六甲おろし　大山おろし

颪《おろし》

山から吹き下りてくる冷たい強い風のことで、下と風を組み合せた字です。山によって、富士《ふじ》おろし、筑波《つくば》おろし、赤城《あかぎ》おろし、那須《なす》おろし、六甲《ろっこう》おろし、大山《だいせん》おろしなどの名があります。

乾風　涸風

空風《からっかぜ》

冬型の気圧配置が強い時に、日本の脊梁山脈を越えて吹き下りてくる、冷たくて乾いた、しかも強い風のことです。

関東平野、東海地方で使われることが多い言葉で、上州では名物の一つに数えられています。

乾風《からっかぜ》、**涸風**《からっかぜ》とも書きます。

ならい

東日本では、冬の季節風をならい、と呼ぶ所があります。

『物類称呼』に「江戸にては東北の風をならいと云。つくばならいというあり。」とあって、東北の風、としています。

あなし
あなせ
乾風の八日吹き

乾風《あなじ》

西日本では冬の季節風を、あなじ、あるいは、**あなし**、**あなせ**、といいます。

冬の季節風は幾日も吹き続くことがあって海が荒れますので、**乾風**《あなじ》**の八日吹き**《ようかぶ》、といって関西の漁業関係者には悪い風として嫌われています。

魂風　鬼北

玉風《たまかぜ》

東北、北陸地方では、冬の季節風を玉風と呼ぶ所があります。

もともとは**魂風**《たまかぜ》と書き、北西風に名付けられたのは、その方角から鬼や外敵が来る、との言い伝えによるものといわれます。

二月の北風を**鬼北**《おにきた》、と呼ぶことがあるのは、北東が鬼門になるからです。

木枯し

虎落笛 もがりぶえ

冬の季節風が竹垣や柵に烈しく吹きつけると、笛のような音を立てます。これが虎落笛で、電線や竿なども唸り声をあげることがあり、そんな夜は一層寒さが身に沁みます。

虎落とは、中国の、虎を防ぐために竹で作った柵のことです。


虎落笛叫びて海に出で去れり　（山口誓子）

風の色 かぜのいろ

草木の靡《なび》きなどで風の動きが感じられるのをいいます。

また、青葉の上を吹き渡っていく爽やかな風は**緑風**《りょくふう》。秋の野山に吹く、吹く様子は見えないけれども、確かに秋の韻《ひび》きを持つ風を**色**《いろ》**なき風**《かぜ》といいます。

漢詩では、春に青、夏に朱、秋に白、冬に玄の色を配していて、この考えは古くから日本にも伝わっていました。

石山の石より白し秋の風　（芭蕉）

緑風
色なき風

風の色

鎌鼬 かまいたち

原因もないのに、ちょっとした身動きなどで、膝から臑《すね》の辺りの皮膚が突然、鎌の形に裂ける現象をいいます。

急な動きに身体が応じきれず、筋肉と皮膚が裂けるためと考えられていますが、昔は鼬の仕業と思われていました。

越後七不思議の一つで、**鎌風**《かまかぜ》、**風鬼**《かざおに》ともいいます。

鎌風
風鬼

静穏《せいおん》

気象観測では、風の強さを風力〇から十二までの十三の階級で表わすことがありますが、そのそれぞれの階級は、数字以外に名称としても表されます。

静穏は、気象庁風力階級〇の状態です。

風速は毎秒〇・二メートル以下で、煙突の煙は、まっすぐに昇っていきます。

海面は鏡のように滑らかです。

至軽風《しけいふう》

風力階級一に相当する風です。

風速は毎秒〇・三〜一・五メートルで、煙が靡《なび》きますから風の向きが判ります。

しかし、風を測る風見《かざみ》が動くほどではありません。

海上は鱗のようなさざ波が立ち始めます。

軽風《けいふう》

風力階級二に相当する風です。

風速は毎秒一・六〜三・三メートルで、顔に風を感じるようになり、木の葉がそよぎます。風見も動き始めます。

海上は一面にさざ波が現われます。

軟風《なんぷう》

風力階級三に相当する風です。

風速は毎秒三・四〜五・四メートルで、木の葉や細い小枝が絶えず動きます。

海上は波頭が砕け始め、泡は硝子のように見えます。そろそろ白波が現われます。

和風《わふう》

風力階級四に相当する風です。

風速は毎秒五・五〜七・九メートルで、小枝が動きます。道路からは砂埃が立ち、紙片が舞います。

海上には白波がかなり多く見えます。

疾風《しっぷう》

風力階級五に相当する風です。

風速は毎秒八・〇〜一〇・七メートルで、葉の茂った樹木が揺れ動き、池や沼の水面にも波頭が立ちます。

海上は白波がたくさん現われ、しぶきが立ち始めます。

雄風《ゆうふう》

風力階級六に相当する風です。

風速は毎秒一〇・八〜一三・八メートルで、大枝が動き電線が唸り始めます。雨が降っていても、傘をさすのは困難です。

海上は波の大きいものが出来始め、波頭は砕けて白く泡立ちます。

強風《きょうふう》

風力階級七に相当する風で、一般にいう強い風や、強風注意報の強風とは異なります。

風速は毎秒一三・九〜一七・一メートルで、樹木全体が揺れ、風に向かって歩きにくくなります。

海上は大波が立ち、波頭は砕けて海面は白い泡に覆われます。

疾強風《しっきょうふう》

風力階級八に相当する風です。

風速は毎秒一七・二〜二〇・七メートルで、小枝が折れ、風に向かって歩くことが困難です。

海上は波頭が聳え立ち、しぶきは渦巻きとなって波頭から吹きちぎれます。

大強風《だいきょうふう》

風力階級九に相当する風です。

風速は毎秒二〇・八～二四・四メートルで、瓦が飛ぶなどの被害が出る場合があります。

海上は波頭がのめり、唸り声を上げ、水煙が立ちます。波の高さは七～一〇メートルになります。

暴風《ぼうふう》

風力階級十に相当する風で、暴風警報の基準とは異なります。

風速は毎秒二四・五～二八・四メートルで、人家に大きな損害が起き、樹木は根こそぎになりますが、陸地の内部では滅多に吹きません。

海上は波頭が逆巻き、見通しが損われます。

烈風《れっぷう》

風力階級十一に相当する風です。

風速は毎秒二八・五～三二・六メートルで、広い範囲に大きな損害が出ますが、滅多に吹く風ではありません。

海上は山のような大波が立ち、小さな船は波の影に隠されてしまいます。

颶風《ぐふう》

風力階級十二に相当する風です。

風速は毎秒三二・七メートル以上で、これより上の階級はありません。

被害は甚大で、記録的なものとなります。

海上は波が一五メートルにも達し、泡と水煙りの為に海と空の境も判らないだろう、と考えられています。

春風

6. 季節の章

空の名前

Page 152

花かげ

光の春《ひかりのはる》

立春を過ぎても、まだ余寒が厳しく、寒い日があります。けれども、陽の光は日増しに強くなってきて、寒い中にも春の訪れを感じることがあります。これが光の春です。

光の春という言葉は、もともとはソ連で使われていた言葉で、緯度の高い国に住む人々の、春を待ちわびる気持ちが伝わってくるような響きがあります。

光の春

余寒《よかん》

立春を過ぎると暦の上ではもう春です。そこで、立春以降の寒さは冬が残していったものとして、余寒といいます。

どんなに寒くとももう冬ではない、季節は春なのだと、春を待つ気持ちが感じられる言葉で、残暑の対語です。

関守りの火鉢ちひさき余寒哉　（蕪村）

余寒

鰊曇《にしんぐもり》

三月から五月上旬にかけて、北日本沿岸には産卵のために鰊がやってきます。この頃の曇り空を鰊曇といいます。

鰊は、北海道にとっては正に春を告げる魚。そこで、鰊は春告魚とも書きます。

花冷え《はなびえ》

桜の花の咲く頃は陽気が変りやすく、思わぬ寒さに驚くことがあります。これが花冷えです。

一九八八年四月八日、関東地方は満開の桜の上に春の大雪が降りました。

若葉が萌える頃の寒さは**若葉寒**《わかばさむ》です。

若葉寒

花冷え

花曇 はなぐもり

桜の花の咲く頃は天気が短い周期で変化し、良く晴れていると思っていてもすぐに薄雲が流れてきて太陽が暈《かさ》を被ったりします。このような曇り空を、文学的に花曇と呼んでいます。

花曇

鳥曇

鳥曇 とりぐもり

春になって雁や鴨などの渡り鳥が帰る頃の北国の曇空です。

鳥の群れ飛ぶ羽音は風の音のように聞こえ、これを鳥風《とりかぜ》といいます。

行春に佐渡や越後の鳥曇り　（許六）

霾 つちふる

黄砂《こうさ》のことです。モンゴルや中国の黄河流域の砂が、強い風に吹き上げられ、上空の偏西風に乗って日本まで運ばれてくる現象です。三月末から四月に多く、ひどい場合は空が褐色になり、太陽も霞んでしまいます。

鳥風

雁風呂 がんぶろ

雁は、秋に渡ってくる時に小さな木を口にくわえて渡ってきます。疲れた時、この木片を海に浮かべて体を休めるのです。津軽へ着いた雁は、木片を海岸に置いておき、帰る時に再びそれをくわえて海を渡ります。ですから、海岸に残った木片は、捕らえられたか、死んでしまったか、帰ることが出来なかった雁のものです。そこで、村人が哀れんで、供養のためこの木片で風呂を焚き、これを雁風呂と呼ぶようになりました。しかし、これは津軽地方の言い伝えで、実際は雁が木片をくわえて渡りを行う事実はありません。俳句では春の季語として扱われています。

雁風呂に薪の残る哀れかな　（高浜虚子）

黄砂

霾

新緑

五風十雨《ごふうじゅうう》

五日に一度風が吹き、十日に一度雨が降るという意味で、天気が順調なことの譬えです。その時を得て風が吹き、雨が降ることは願ってもないことです。転じて、天下太平の意味になりました。

梅雨寒《つゆさむ》

じめじめと蒸し暑い梅雨の最中でも、オホーツク海高気圧が勢力を強めると、梅雨寒になります。上着が必要なほど寒くなり、暖房をしたくなるようなこともあって、昨日は冷房、今日は暖房と、一台のエアコンがおおわらわになります。

梅雨寒

麦秋《ばくしゅう》

初夏になると、刈り取りが間近い麦畑は黄金色に輝きます。これが麦秋で、**麦《むぎ》の秋《あき》**、ともいいます。この場合の「秋」は、取り入れの意味です。この季節の、野を吹き渡る風を**麦《むぎ》の秋風《あきかぜ》**、**麦嵐《むぎあらし》**といい、降る雨を麦雨《ばくう》といいます。

麦秋や子を負ひながら鰯売　（一茶）

麦秋

麦の秋
麦の秋風
麦嵐

土用波《どようなみ》

夏型の穏やかな天気が続いているにもかかわらず、海岸には高い波が打ち寄せていることがあります。ちょうど夏の土用の頃に多いので、これを土用波と呼びますが、必ずしも土用の期間でなくても用いられます。土用波は日本から数千キロも離れた所にある台風から伝わってくるうねりです。

土用波

真夏日

油照り《あぶらでり》

夏の、空が薄雲って、風のない、じりじりと蒸し暑いことをいいます。かっ、と照りつけるような暑さは**炎暑**《えんしょ》です。

油照り

炎暑

熱帯夜《ねったいや》

夜になっても気温が下がらず、一日の最低気温が二五℃以上の日をいいます。真夏日や真冬日などと共に、気候の統計値に用いられます。

熱帯夜

真夏日《まなつび》

最高気温が二五℃以上の日を**夏日**、三〇℃以上の日を真夏日といいます。真夏日の年間平均日数は札幌七日、仙台十七日、軽井沢三日、東京四十五日、名古屋五十七日、京都六十六日、高松五十日、福岡五十二日、鹿児島七十日、那覇七十九日となっています。(158・159)

夏日

残暑《ざんしょ》

立秋を過ぎた暑さは残暑で、暑中見舞いは残暑見舞いに変ります。鎌倉の鶴ケ岡八幡宮では、立秋前日に夏越祭、当日は立秋祭が執り行われます。また、八月九日は実朝祭で、この間は鎌倉在住の諸名士の奉納による四百点余の書画が雪洞に仕立てられて境内に掲揚されます。夜は蠟燭が点灯され、涼味豊かな神事神賑です。

残暑

鶴ヶ岡八幡宮の雪洞祭

小春日和

十月夏
ナツガマ

小春日和《こはるびより》

小春は陰暦十月の異称で、陽暦では十一月から十二月上旬になります。この頃はもう寒くなり、風が冷たく感じられます。ところがこの時期に、暖かで穏やかな、まるで春を思わせる陽気になることがあって、これを小春日和と呼んでいます。

沖縄では夏を思わせるほどに暑さがぶり返すのを**十月夏**《じゅうがつなつ》（陰暦）、あるいは**ナツガマ**（夏小）と呼んでいます。

小春日和

老婦人の夏《ろうふじんのなつ》

日本の小春日和に似た天気は外国にもあります。九月後半から十月後半にかけての暖かな晴天を、ドイツでは老婦人の夏、ソ連では**婦人《ふじん》の夏《なつ》**、と呼んでいます。品の良い老婦人が、公園で日向ぼっこをするのを連想させる言葉です。

またイギリスでは、聖マーチン祭（十一月十一日）の頃の暖かな晴天を、**セントマーチンの夏《なつ》**、といいます。

婦人の夏
セントマーチンの夏

インディアン・サマー

北アメリカやヨーロッパでは、晩秋や初冬の小春日和に似た天気をインディアン・サマーと呼んでいます。

老婦人の夏もそうですが、日本の小春日和のように「春」といわないのは、緯度の高い国の春はまだ寒くてむしろ夏の方が快適な季節だからです。

霜日

冬日《ふゆび》

最低気温が〇℃以下の日を冬日、あるいは**霜日**《しもび》といいます。冬日の年間平均日数は、帯広百六十六日、札幌百三十九日、仙台八十八日、長野百十一日、東京二十八日、大阪十四日、高松三十六日、福岡十八日、鹿児島二十日、那覇〇日となっています。

冬の日や馬上に氷る影法師　（芭蕉）

寒土用波《かんどようなみ》

海は荒海　向うは佐渡よ

冬の季節風が吹き荒ぶと、海は大荒れになります。夏の土用波に対して、冬の土用の頃の荒波を寒土用波ということがあります。夜になって辺りが暗くなっても、波が高いことは汐鳴りで判ります。

暮れりゃ砂山　汐鳴りばかり
すずめちりぢり　また風荒れる　（砂山）

三寒四温《さんかんしおん》

中国の東北区や朝鮮半島で使われていた言葉が伝わったものです。冬の天気の周期は概ね一週間で、三日位寒い日が続くと、そのあと四日位は暖かい日がある、という意味です。

春未だ三寒に次ぐ四温かな　（松尾目池）

真冬日《まふゆび》

一日中、気温が〇℃未満の日を真冬日といいます。真冬日の年間平均日数は旭川八十一日、札幌五十一日、盛岡十七日、仙台二日、長野九日、松本五日で、本州でも盆地は寒いことが判ります。

但し、これらは平均の数字ですから、東日本や西日本でも寒さが厳しい場合は真冬日になることがあります。

二十四節気《にじゅうしせっき》

太陽年（太陽が春分点を通り過ぎて、再び春分点に帰るまでの時間）を太陽の黄経に従って二十四等分し、その季節にふさわしい名前を付けて、その時期の自然現象を記したものです。

古代の黄河中・下流域の農業活動で培われた経験から生まれた季節区分ですから、そのまま日本の季節に合わせると無理が生じます。日本に伝えられたのは奈良朝時代で、暫くはそのまま使われていましたが、江戸時代に改良されて今日に至っています。

立春《りっしゅん》

陰暦正月の節(旧暦で月の前半にくる節気)で、陽暦では節分の翌日。二月四日頃です。二十四節気の最初の節であり、八十八夜、二百十日など、総て立春の日から数えます。

この日、曹洞宗では立春大吉と書いた札を入口に貼る風習があり、神奈川県南足柄市では民家の玄関にも札を貼っているのを見掛けます。

立春大吉は、表から読んでも裏から読んでも立春大吉です。

雨水《うすい》

陰暦正月の中《ちゅう》(旧暦で月の後半にくる節気)で、陽暦では二月十八か十九日です。

雪が雨に変り、雪や氷は溶けて水となる。忍びよる春の気配に草木が蘇る、の意味ですが、雪国の雪はいまだ深く、関東地方など太平洋側に雪が降るのはこの時期です。

君がため春の野に出でて若菜つむわが衣手に雪は降りつつ　(光孝天皇)

啓蟄《けいちつ》

陰暦二月の節で、陽暦では三月五日か六日です。
蟄虫啓戸の候で、地中で冬眠をしていた虫達が姿を現わす頃、とされます。
立春を過ぎて初めての雷を、虫出しの雷といいます。
啓蟄の虫におどろく縁の上　（臼田亜浪）

春分《しゅんぶん》

陰暦二月の中で、陽暦では三月二〇日か二一日です。
この日、太陽黄経は〇度となり、昼と夜の時間は等しくなります。
この日を中日として前後それぞれ三日、即ち七日間が春の彼岸です。
暑さ寒さも彼岸まで、といわれますが、正岡子規は次のような句を詠んでいます。
毎年よ彼岸の入に寒いのは

清明《せいめい》

陰暦二月の節で、陽暦の四月四日か五日です。
万物ここに至りて皆潔斎にして清明なり
関東から西の地方では桜の花が見頃で、南の国からは、そろそろ燕《つばめ》の渡りの便りも届きます。

穀雨《こくう》

陰暦三月の中で、陽暦の四月二〇日か二一日です。
この頃に降る雨は百穀を潤す、とされます。
長野では杏の花が盛りとなり、東京では藤の花が咲き始めます。
ただ、北海道ではようやく雪が雨に変る頃で、時期遅れの雨水の候です。

小満芒種

立夏《りっか》

陰暦四月の節で、陽暦の五月五日か六日です。

夏立つ日で、暦の上ではこの日から立秋前日までが夏です。

春の遅い北海道にも花の季節が訪れ、梅も桃も桜も一斉に咲き始めます。一方、沖縄では入梅が間近です。


春過ぎて夏来にけらししろたへの衣ほすてふ天のかぐ山（持統天皇）

小満《しょうまん》

陰暦四月の中。陽暦五月二一日頃で、陽気盛んにして万物ようやく長じて満つ、の候です。

沖縄の梅雨は五月中旬から六月下旬頃で、二十四節気の小満と芒種に当たりますから、この時期の雨を**小満芒種**《スーマンボースー》、と呼んでいます。

芒種《ぼうしゅ》

陰暦五月の節で、芒種の節ともいい、陽暦の六月五日か六日です。

芒《のぎ》のある穀物を播種する時期で、農家は田植えに追われます。

西日本では、そろそろ入梅になります。

夏至《げし》

陰暦五月の中で、陽暦の六月二一日か二二日です。太陽は最も北に寄り、北回帰線の真上までやってきて、東京の昼間の時間は一四時間二五分と、冬至より四時間五〇分も長くなります。しかし夏至の頃は梅雨の真最中ですから、日照時間はむしろ冬よりも短いのです。

小暑《しょうしょ》

陰暦の六月の節。陽暦の七月七日か八日で、いよいよ暑さも本格的になり、「温風至」の候です。中国では「おんぷういたる」、日本では「あつかぜいたる」の意味です。北海道は最も快適な季節です。

大暑《たいしょ》

陰暦六月の中で、陽暦の七月二二日か二三日です。極熱の盛んなる時で、この最も暑い時期を乗りきるために、土用の丑の日に鰻を食べる風習が生まれたりもしました。

石麿《いは》に我物申す夏痩せによしといふものぞ鰻とり食《め》せ　（万葉集巻第十六）

夏至の日の影

立秋《りっしゅう》

陰暦七月の節。陽暦の八月七日か八日で、秋立つ日です。

実際には最も暑い時期ですが、言葉の響きが好まれるのか、古歌や俳句には好んで用いられています。

秋来ぬと目にはさやかに見えねども風の音にぞおどろかれぬる　（藤原敏行・古今集）

処暑《しょしょ》

陰暦七月の中で、陽暦の八月二三日か二四日です。「処は上声、止なり。暑気の止息するなり。」

暑さが収まる頃、の意味合いで、昼間はまだ暑い日が続きますが、朝夕は思わぬ涼しさに驚かされる日があります。

白露《はくろ》

陰暦八月の節で、陽暦の九月八日か九日です。

秋はいよいよ本格的となり、野の草には露が宿るようになります。「陰気ようやく重なり、露凝って白し」というところから名付けられました。

白露に風の吹きしく秋の野は貫きとめぬ玉ぞ散りける　（文屋朝康）

秋分《しゅうぶん》

陰暦八月の中。陽暦の九月二三日頃で、太陽は秋分点に達します。

春分と同様、昼と夜の長さは同じですが、この日を境に夜の方が長くなって、夜長の季節へと移ってゆきます。

寒露《かんろ》

陰暦九月の節で、陽暦の十月八日か九日です。

季節的には秋の長雨が終り、本格的な秋が始まる頃です。露は結び始めの頃は涼しく感じられますが、この季節には寒々として冷たく感じられます。

霜降《そうこう》

陰暦九月の中で、陽暦では十月二三日か二四日です。

寒露に続いて、霜が降りる頃、という意味で、東北地方や本州中部では霜を置くようになり、紅葉が盛りとなります。

里もけに霜は置くらし高円ノ山のつかさの色づく見れば　（万葉集巻第十）

立冬《りっとう》

陰暦十月の節で、陽暦の十一月七日頃です。

この日から立春前日までが暦の冬。季語には冬立つ、冬に入る、冬来る、今朝の冬とあります。

北国からは初雪《はつゆき》や初冠雪の便りが届き、木枯しが紅葉を吹き払います。

山川に風のかけたるしがらみは流れもあへぬ紅葉なりけり（春道列樹）

小雪《しょうせつ》

陰暦十月の中で、陽暦の十一月二二日か二三日です。「小とは寒さまだ深からずして、雪いまだ大ならざるなり。」東京周辺でもそろそろ霜を置くようになります。

大雪《たいせつ》

陰暦十一月の節で、陽暦の十二月七日か八日です。「積陰雪となりて、ここに至りて栗然として大なり。」

北国や山里に本格的な雪が降り出す候で、山陰、中部地方では初雪をみます。

冬至の日の影

冬至《とうじ》

陰暦十一月の中で、陽暦の十二月二一日か二二日です。

冬至は暦の上では冬の最中で寒さの厳しい時期ですが、この日を境にして日足は伸びてゆきますので「冬至冬なか冬はじめ」といわれます。

この日は、柚子湯を立てたり、お粥や南瓜を食べて無病息災を祈ります。

小寒《しょうかん》

陰暦十二月の節で、陽暦の一月五日か六日です。

寒《かん》に入る日で、小寒から節分までを**寒《かん》の内《うち》**といいます。気温の面から見ても、一年中で最も寒い時期は一月中旬から二月上旬にかけてで、二十四節気の内、小寒と大寒は日本の気候と合っています。

寒　寒の内

大寒《だいかん》

陰暦十二月の中で、陽暦の一月二〇日か二一日です。

気象官署の記録から見ると、日本の最低気温は旭川の氷点下四一・〇℃(明治三五年一月二五日)です。青森第五連隊は、この極寒の中、八甲田山において雪中訓練を行い、約二〇〇名の凍死者を出しました。

雑節《ざっせつ》

二十四節気以外の節で、毎年二月一日の官報で発表される『暦象要項』には、四季の土用、節分、春秋の彼岸、八十八夜、入梅、半夏生《はんげしょう》、二百十日の日付が記載されています。これ以外に社日《しゃにち》と二百二十日を加えることがあります。

節分祭

節分《せつぶん》

季節の変り目のことで、もともとは立春、立夏、立秋、立冬の前日をいいましたが、室町時代頃から立春前日の節分のみが重んじられるようになりました。季節の変り目は悪鬼や病魔が横行すると考えられていて、現在でも豆撒きが盛んに行われています。

彼岸《ひがん》

春分と秋分の日を**中日**《ちゅうにち》といい、その前後三日ずつ、即ち七日間を彼岸と呼びます。彼岸は「到彼岸」の略で、煩いの多き現世である此岸《しがん》を離れて涅槃の世界に入ることです。春の彼岸の頃は彼岸桜が咲き、秋の彼岸の頃には彼岸花が咲きます。彼岸花を曼珠沙華といいますが、これは赤い花という意味の梵語です。

中日

彼岸花

社日 しゃにち

春分、秋分の日の前後の戊《つちのえ》の日をいいますが、唐の時代には立春、立秋後の第五の戊の日を当てていたり、日は一定ではありませんでした。社は、中国の土地や部族の守護神で、その祭りを営む日が社日です。

これが日本に伝わり、独自の形で民族信仰として広がったもので、多くは田の神を祀りました。（184・185）

入梅 にゅうばい

暦の入梅は、太陽黄経が八〇度に達する日で、陽暦の六月十一日か十二日です。陰暦では五月の節、芒種の後の壬《みずのえ》の日を「梅雨の入」としていました。気象の方の入梅は、気圧配置が梅雨型になったのをいいますから、両者が一致するとは限りません。
入梅晴や二軒並んで煤払ひ　（一茶）

茶摘み

半夏生 はんげしょう

夏至から数えて十一日目、陽暦では七月二日か三日です。半夏《はんげ》（烏柄杓《からすびしゃく》。サトイモ科ハンゲ属）という毒草が生ずる、という意味ですが、これとは別にドクダミ科にハンゲショウという草があります。この草の別名は片白草で、半夏生の頃に白い花が咲き、花の周囲の葉が白く変ります。

田植えは、この頃までに済ませておかなければなりません。

八十八夜の別れ霜

八十八夜 はちじゅうはちや

立春から数えて八十八日目で、陽暦では五月二日か三日です。

お茶の摘み取り時期であるために遅霜が心配され、**八十八夜《はちじゅうはちや》の別《わか》れ霜《じも》**などといわれますが、関東以西ではこれ以降は霜が降りることは稀です。

ハンゲショウ

社日の頃

台風一過

二百十日《にひゃくとおか》

立春から数えて二百十日目の日で、陽暦の九月一日か二日です。

徳川幕府の暦の編纂をしていた保井春海が漁師に教えられ、『貞享暦』を編んだ時に使い始めたとされています。ちょうどこの頃は稲の花の盛りで、農家では嵐の厄日として恐れ、風祭りを行なったりしました。

二百二十日《にひゃくはつか》

二百十日から十日目で、嵐の来る第二の厄日とされています。

台風の襲来数は八月の方が多いのですが、九月中旬以降の台風の方が被害は大きいといえます。室戸台風は九月二一日、カスリーン台風は九月十五日の上陸です。特に九月二六日は洞爺丸台風、狩野川台風、伊勢湾台風と最大級の台風が上陸していて、「魔の二六日」の言葉が生まれました。

土用《どよう》

立夏の前十八日間を春の土用、立秋の前十八日間を夏の土用、立冬の前十八日間を秋の土用、立春の前十八日間を冬の土用といい、その初日を土用の入り、といいます。土用波、土用干しなど、単に土用というと現在は夏の土用を指すようになっています。
俗に**土用三郎**《どようさぶろう》というのは、夏の土用に入って三日目の天気のことで、この日が快晴ならば豊年、雨ならば凶年とされます。この頃は、丁度梅雨が明ける時期で、夏の太陽が顔を出すと土用干しや梅干し作りに忙しくなります。

土用三郎

梅を干す

『空の名前』参考文献

藤原咲平	『雲』(岩波書店)	昭和 4年〈1929〉
岡田武松校訂	『北越雪譜 鈴木牧之編』(岩波書店版)	昭和11年〈1936〉
民俗学研究所編	『民俗学辞典』(東京堂出版)	昭和26年〈1951〉
大野義輝	『日本のお天気』(大蔵省印刷局)	昭和31年〈1956〉
服部龍太郎	『日本民謡集』(社会思想社)	昭和34年〈1959〉
大後美保	『新説　ことわざ辞典』(東京堂出版)	昭和34年〈1959〉
富安　風生　他	『俳句歳時記』(平凡社)	昭和37年〈1962〉
田口龍雄	『日本の風』(気象協会)	昭和37年〈1962〉
高橋浩一郎	『日本の天気』(岩波書店)	昭和38年〈1963〉
高木東一	『小倉百人一首』(光風館)	昭和38年〈1963〉
佐藤政次	『日本暦学史』(駿河台出版社)	昭和43年〈1968〉
末広恭雄	『魚の春夏秋冬』(社会思想社)	昭和43年〈1968〉
田口龍雄	『日本の詩歌　別巻』(中央公論社)	昭和43年〈1968〉
新田次郎・山本三郎	『カラー　雲』(山と溪谷社)	昭和43年〈1968〉
気象庁編	『地上気象観測法』(気象庁)	昭和44年〈1969〉
小野武雄編著	『江戸の歳事風俗誌』(展望社)	昭和48年〈1973〉
菊村紀彦	『歴史読本臨時増刊「万有こよみ百科」』(新人物往来社)	昭和48年〈1973〉
和達清夫監修	『新版・気象の事典』(東京堂出版)	昭和49年〈1974〉
上田正昭　他	『日本の民俗』(朝日新聞社)	昭和49年〈1974〉
気象庁監修	『気象研究ノート第118号(富士山の気象)』(日本気象学会)	昭和49年〈1974〉
菊村紀彦	『歴史読本臨時増刊「日本の行事百科」』(新人物往来社)	昭和50年〈1975〉
関口　武編・文	『気象歳時記』(山と溪谷社)	昭和50年〈1975〉
駒林　誠編	『天気の科学』(朝日新聞社)	昭和51年〈1976〉
新村　出	『語源をさぐる』(教育出版)	昭和51年〈1976〉
杉本つとむ解説	『物類称呼(越谷吾山著)』(八坂書房版)	昭和51年〈1976〉
折口信夫訳	『万葉集』(河出書房新社)	昭和51年〈1976〉
鈴木棠三	『日本年中行事辞典』(角川書店)	昭和52年〈1977〉
田辺聖子	『文車日記』(新潮社)	昭和53年〈1978〉
田井信之	『日本語の語源』(角川書店)	昭和53年〈1978〉
深田久彌　他	『自然読本　気象』(河出書房新社)	昭和55年〈1980〉
気象庁編	『日本気候表その２』(日本気象協会)	昭和57年〈1982〉
高橋浩一郎	『雲を読む本』(講談社)	昭和57年〈1982〉
高橋浩一郎　他	『ロマン＆事典　気象台の24時間』(南郷出版)	昭和58年〈1983〉
梅棹忠夫 他監修	『大図典ＶＩＥＷ』(講談社)	昭和59年〈1984〉
安藤隆夫	『気象野帳』(創拓社)	昭和59年〈1984〉
菊村紀彦	『読む仏教百科』(河出書房新社)	昭和59年〈1984〉
島田勇雄　他訳注	『和漢三才図会(寺島良安著)』(平凡社版)	昭和60年〈1985〉
関口　武	『風の事典』(原書房)	昭和60年〈1985〉
弥永昌吉　他	『科学の事典第３版』(岩波書店)	昭和60年〈1985〉
倉嶋　厚・鈴木正一郎	『雲』(小学館)	昭和61年〈1986〉
千宗室・千登三子監修	『生活ごよみ（正月・春・夏・秋・冬・各巻）』(講談社)	昭和61年〈1986〉
小熊一人	『季語深耕「風」』(角川書店)	昭和61年〈1986〉
浅井富雄　他監修	『平凡社版　気象の事典』(平凡社)	昭和61年〈1986〉
日本放送協会編	『NHK最新気象用語ハンドブック』(日本放送出版協会)	昭和61年〈1986〉
気象庁編	『予報作業指針　予報用語及び文章』(日本気象協会)	昭和62年〈1987〉
菊村紀彦	『歴史読本　謎の聖域　神々の社』(新人物往来社)	昭和63年〈1988〉
村石利夫	『漢字に必ず強くなる本』(三笠書房)	昭和63年〈1988〉
菊村紀彦	『歴史読本　聖なる神社　謎の神々』(新人物往来社)	平成元年〈1989〉
倉嶋　厚	『風の色・四季の色』(丸善)	平成 2年〈1990〉
毛利茂男	『新・気象観測の手引』(日本気象協会)	平成 2年〈1990〉
日本気象協会編	『天気の変わり方』(誠文堂新光社)	平成 2年〈1990〉
新井重男編	『天気の事典』(三省堂)	平成 2年〈1990〉
気象庁監修	『気象（各号）』(日本気象協会)	
気象庁監修	『気象年鑑（各年度板）』(大蔵省印刷局)	

……(竜王遊び)132
モンスター……(樹氷)111
問答雲・もんどうぐも……55
【や】八重棚雲・やえたなぐも……54
八雲・やくも……54
ヤコブの梯子・ヤコブのはしご…(天使の梯子)129
山かつら・やまかつら……38
山霧・やまぎり……94
やまじ……143
山背・やませ……142
山の御光・やまのごこう……(御来迎)129
山の蛇雲・やまのへびくも……(山かつら)38
山旗雲・やまはたぐも……50
【ゆ】夕方・ゆうがた……(黄昏)123
夕霧・ゆうぎり……(霧)93
遊糸・ゆうし……(陽炎)133
夕時雨・ゆうしぐれ……(村時雨)88
雄大雲・ゆうだいうん……16
雄大積雲・ゆうだいせきうん……(積雲)12
夕立・ゆうだち……79
夕映え・ゆうばえ……123
雄風・ゆうふう……149
夕・ゆうべ……(黄昏)123
夕間暮・ゆうまぐれ……(黄昏)123
夕まし・ゆうまし……(黄昏)123
夕焼け・ゆうやけ……125
雪・ゆき……98
雪明り・ゆきあかり……106
雪霰・ゆきあられ……(霰)110
雪起し・ゆきおこし……106
雪下し・ゆきおろし……106
雪形・ゆきがた……108
雪雲・ゆきぐも……(乱層雲)11
雪消の水・ゆきげのみず……(雪汁)109
雪煙・ゆきけむり……(垂雪)104
雪時雨・ゆきしぐれ……103
雪風巻・ゆきしまき……(風巻)144
雪汁・ゆきしる……109
雪代・ゆきしろ……108
雪玉・ゆきだま……(雪まくり)104
雪俵・ゆきだわら……(雪まくり)104
雪吊り・ゆきつり……105
雪釣・ゆきつり……(雪吊り)105
雪解け・ゆきどけ……(斑雪)102
雪濁・ゆきにごり……(雪代)108
雪の華・ゆきのはな……104
雪紐・ゆきひも……105
雪まくり・ゆきまくり……104
雪見・ゆきみ……103
雪水・ゆきみず……(雪汁)109
ゆわぐも……(入道雲の方言)42
ゆわたけぐも……(入道雲の方言)42
【よ】夜明け・よあけ……(曙)122
ようず……141
余寒・よかん……154
横雲・よこぐも……38
横時雨・よこしぐれ……(村時雨)88
【ら】雷雨・らいう……84
雷光・らいこう……(雷雨)84
雷電・らいでん……(雷雨)84
雷鳴・らいめい……(雷雨)84
羅臼だし・らうすだし……(出風)136
喇叭雲・らっぱぐも……(入道雲の方言)42
乱層雲・らんそううん……11
【り】六花・りっか……(雪)98
立夏・りっか……170
立秋・りっしゅう……174
立春・りっしゅん……166
立冬・りっとう……178
竜王・りゅうおう……69
竜王遊び・りゅうおうあそび……132
竜神・りゅうじん……(竜王)69
流氷・りゅうひょう……113
緑雨・りょくう……(翠雨)75
緑風・りょくふう……(風の色)147
霖霖・りんりん……(秋霖)85
【れ】冷気湖・れいきこ……(霜道)116
烈風・れっぷう……150
レンズ雲・レンズぐも……15
【ろ】漏斗雲・ろうとぐも……21
老婦人の夏・ろうふじんのなつ……162
六甲おろし・ろっこうおろし……(颪)145
肋骨雲・ろっこつうん……17
【わ】若葉寒・わかばさむ……(花冷え)154
忘れ霜・わすれじも……117
私雨・わたくしあめ……89
綿雲・わたぐも……39
綿帽子・わたぼうし……(冠雪)104
綿雪・わたゆき……98
和風・わふう……148

春の雨・はるのあめ……（春雨）74
春の長雨・はるのながあめ……（春霖）74
春疾風・はるはやて……140
半夏雨・はんげあめ……85
半夏生・はんげしょう……183
坂東太郎・ばんどうたろう……（入道雲の方言）42
半透明雲・はんとうめいうん……19
【ひ】片々雪花・ピェンピェンシュエホア……（綿雪）98
日暈・ひがさ……（巻層雲）10
ひがしだし……（出風）136
日方・ひかた……143
光の春・ひかりのはる……154
彼岸・ひがん……182
飛行機雲・ひこうきぐも……43
比古太郎・ひこたろう……（入道雲の方言）42
氷雨・ひさめ……110
肘かさ雨・ひじかさあめ……79
ひそか雨・ひそかあめ……（小糠雨）73
羊雲・ひつじぐも……34
日の入り・ひのいり……（裏御光）132
日の出・ひので……（裏御光）132
雲雀東風・ひばりごち……（東風）136
白夜・びゃくや……（白夜）133
雹・ひょう……110
氷花・ひょうか……（樹氷）111
氷河・ひょうが……113
氷山・ひょうざん……113
比良の八荒・ひらのはっこう……137
尾流雲・びりゅううん……20
【ふ】吹き溜まり・ふきだまり……（地吹雪）102
副虹・ふくにじ……（二本の虹）128
房状雲・ふさじょううん……14
富士おろし・ふじおろし……（颪）145
婦人の夏・ふじんのなつ……（老婦人の夏）162
吹越・ふっこし……（風花）98
不透明雲・ふとうめいうん……19
吹雪・ふぶき……102
冬日・ふゆび……163
ブラック・スコール……（スコール）142
鰤起し・ぶりおこし……106
ブロッケンの妖怪・ブロッケンのようかい……129
豊後太郎・ぶんごたろう……（入道雲の方言）42
【へ】べた雪・べたゆき……99
へばるごち……（東風）136
扁平雲・へんぺいうん……15
片乱雲・へんらんうん……35
【ほ】放射状雲・ほうしゃじょううん……19
芒種・ぼうしゅ……170
暴風・ぼうふう……150
蓬莱の島・ほうらいのしま……（竜王遊び）132
帆風・ほかぜ……（真艫）137
星のささやき・ほしのささやき……110
ほそまい雲・ほそまいぐも……30
牡丹雪・ぼたんゆき……98
外持雨・ほまちあめ……89
ホワイト・スコール……（スコール）142
盆地霧・ぼんちぎり……93
舞茸雲・まいたけぐも……（入道雲の方言）42
【ま】巻き垂れ・まきだれ……（雪紐）105
正東風・まごち……（東風）136
真風・まじ……142
斑雲・まだらぐも……33
窓霜・まどしも……（霜華）116
真艫・まとも……137
真夏日・まなつび……160
真冬日・まふゆび……163
【み】水霜・みずしも……（露霜）116
水まさ雲・みずまさぐも……33
水増雲・みずまさぐも……（水まさ雲）33
水柾雲・みずまさぐも……（水まさ雲）33
霙・みぞれ……110
三つの花・みつのはな……（霜）116
ミーニシ……145
【む】麦嵐・むぎあらし……（麦秋）157
麦の秋・むぎのあき……（麦秋）157
麦の秋風・むぎのあきかぜ……（麦秋）157
霧氷・むひょう……111
無毛雲・むもううん……16
むら雲・むらくも……34
叢雲・むらくも……（むら雲）34
村雨・むらさめ……79
群雨・むらさめ……（村雨）79
叢雨・むらさめ……（村雨）79
村時雨・むらしぐれ……88
【も】毛状雲・もうじょううん……13
虎落笛・もがりぶえ……147
もつれ雲・もつれぐも……18
戻り梅雨・もどりづゆ……78
靄・もや……95
モルガナのお化け・モルガナのおばけ

梅雨の中休み・つゆのなかやすみ……………78
氷柱・つらら……………113
吊し雲・つるしぐも……………50
【て】天泣・てんきゅう……………89
天使の梯子・てんしのはしご……………129
【と】凍雨・とうう……………117
冬至・とうじ……………179
凍上・とうじょう……………112
塔状雲・とうじょううん……………14
凍露・とうろ……………117
通り雨・とおりあめ……………(時雨)88
どか雪・どかゆき……………99
都市霧・としぎり……………93
土用・どよう……………186
土用三郎・どようさぶろう……………(土用)186
土用波・どようなみ……………157
豊旗雲・とよはたぐも……………55
虎が雨・とらがあめ……………75
鳥風・とりかぜ……………(鳥曇)155
鳥曇・とりぐもり……………155
【な】流し・ながし……………141
那須おろし・なすおろし……………(颪)145
菜種梅雨・なたねづゆ……………74
雪崩・なだれ……………106
ナツガマ……………(小春日和)161
夏日・なつび……………(真夏日)160
なで……………(雪崩)106
並雲・なみぐも……………16
浪雲・なみぐも……………31
ならい……………145
奈良二郎・ならじろう……………(入道雲の方言)42
軟風・なんぷう……………148
【に】仁王雲・におうぐも……………(入道雲の方言)42
逃げ水・にげみず……………133
虹・にじ……………127
虹の神話・にじのしんわ……………128
二重雲・にじゅううん……………19
二十四節気・にじゅうしせっき……………164
鰊曇・にしんぐもり……………154
二百十日・にひゃくとおか……………186
二百二十日・にひゃくはつか……………186
二本の虹・にほんのにじ……………128
入道雲・にゅうどうぐも……………42
入道雲の方言・にゅうどうぐものほうげん……………42
入梅・にゅうばい……………76
入梅・にゅうばい……………183
乳房雲・にゅうぼううん……………20
俄雨・にわかあめ……………(驟雨)72
潦・にわたずみ……………73
【ぬ】糠雨・ぬかあめ……………(小糠雨)73
【ね】熱帯夜・ねったいや……………160
涅槃西風・ねはんにし……………137
根雪・ねゆき……………99
【の】濃密雲・のうみつうん……………13
昇り雲・のぼりぐも……………51
野分・のわき〈のわけ〉……………144
【は】梅雨・ばいう……………76
黴雨・ばいう……………(梅雨)76
南風・はえ……………142
白雨・はくう……………(夕立)79
麦雨・ばくう……………(翠雨)75
麦秋・ばくしゅう……………157
瀑布雲・ばくふぐも……………54
薄明・はくめい……………125
白夜・はくや……………133
はぐれ雲・はぐれぐも……………63
白露・はくろ……………174
波状雲・はじょううん……………18
走り梅雨・はしりづゆ……………75
旗雲・はたぐも……………50
鱩起し・はたはたおこし……………(鰰起し)106
はだれ霜・はだれじも……………(霜)116
斑雪・はだれゆき……………102
八十八夜・はちじゅうはちや……………183
八十八夜の別れ霜・はちじゅうはちやのわかれじも……………(八十八夜)183
蜂の巣状雲・はちのすじょううん……………18
初時雨・はつしぐれ……………(村時雨)88
初雪・はつゆき……………(立冬)178
花曇・はなぐもり……………155
花冷え・はなびえ……………154
花ぼうろ・はなぼうろ……………(霧氷)111
羽根雲・はねぐも……………30
はやち……………(春疾風)140
疾風・はやて……………(春疾風)140
疾風雲・はやてぐも……………45
春嵐・はるあらし……………140
春一番・はるいちばん……………136
春雨・はるさめ……………74
春時雨・はるしぐれ……………74

海霧・じり……………………(海霧)94
白い石炭・しろいせきたん……………………(残雪)108
白い空・しろいそら……………………122
白虹・しろにじ……………………128
白南風・しろはえ……………………(南風)142
蜃気楼・しんきろう……………………132
新雪・しんせつ……………………99
蜃楼・しんろう……………………(竜王遊び)132
【す】翠雨・すいう……………………75
瑞雨・ずいう……………………(翠雨)75
瑞雲・ずいうん……………………(彩雲)127
水平虹・すいへいにじ……………………128
隙間雲・すきまぐも……………………19
頭巾雲・ずきんぐも……………………22
スコール……………………142
筋雲・すじぐも……………………30
篠雲・すじぐも……………………(筋雲)30
小満芒種・スーマンボースー……………………(小満)170
座り雲・すわりぐも……………………40
【せ】静穏・せいおん……………………148
青女・せいじょ……………………(霜)116
清明・せいめい……………………169
積雲・せきうん……………………12
積乱雲・せきらんうん……………………12
雪華・せっか……………………(雪)98
雪渓・せっけい……………………109
雪庇・せっぴ……………………108
節分・せつぶん……………………182
洗車雨・せんしゃう……………………85
セントエルモの火・セントエルモのひ……………………132
セントマーチンの夏・セントマーチンのなつ
……………………(老婦人の夏)162
旋風・せんぷう……………………(旋毛風)140
【そ】層雲・そううん……………………12
霜降・そうこう……………………175
層状雲・そうじょううん……………………14
層積雲・そうせきうん……………………11
外暈・そとがさ……………………(暈)126
粗氷・そひょう……………………111
【た】大寒・だいかん……………………179
大強風・だいきょうふう……………………150
大暑・たいしょ……………………171
大雪・たいせつ……………………178
大山おろし・だいせんおろし……………………(颪)145
台風・たいふう……………………143
颱風・たいふう……………………(台風)143
タイフーン……………………(台風)143
ダイヤモンドダスト……………………(細氷)110
滝雲・たきぐも……………………54
筍流し・たけのこながし……………………(流し)141
たこ入道・たこにゅうどう……………………(入道雲の方言)42
だし……………………(出風)136
出風・だしかぜ……………………136
黄昏・たそがれ……………………123
立ち雲・たちぐも……………………40
立ち雲・たちぐも……………………(入道雲の方言)42
竜巻・たつまき……………………69
谷霧・たにぎり……………………94
玉風・たまかぜ……………………145
魂風・たまかぜ……………………(玉風)145
多毛雲・たもううん……………………16
垂氷・たるひ……………………(氷柱)113
丹波太郎・たんばたろう……………………(入道雲の方言)42
断片雲・だんぺんうん……………………15
【ち】地鏡・ちかがみ……………………(逃げ水)133
ちぎれ雲・ちぎれぐも……………………22
中日・ちゅうにち……………………(彼岸)182
蝶々雲・ちょうちょうぐも……………………55
【つ】栗花落・ついり……………………76
堕栗花・ついり……………………(栗花落)76
月暈・つきがさ……………………(巻層雲)10
筑紫二郎・つくしじろう……………………(入道雲の方言)42
筑波おろし・つくばおろし……………………(颪)145
作り雨・つくりあめ……………………89
辻風・つじかぜ……………………(旋毛風)140
霾・つちふる……………………155
筒雪・つつゆき……………………105
翼雲・つばさぐも……………………51
茅流し・つばなながし……………………(流し)141
積み雲・つみぐも……………………40
旋毛風・つむじかぜ……………………140
梅雨・つゆ……………………76
露・つゆ……………………92
つゆ明け・つゆあけ……………………(栗花落)76
つゆ入り・つゆいり……………………(栗花落)76
梅雨寒・つゆさむ……………………157
露時雨・つゆしぐれ……………………92
露霜・つゆじも……………………116
梅雨空・つゆぞら……………………(五月雲)59
露玉・つゆだま……………………92

氷・こおり……112
氷霰・こおりあられ……(霰)110
氷霧・こおりぎり……110
氷の花・こおりのはな……112
木枯し・こがらし……145
凩・こがらし……(木枯し)145
穀雨・こくう……169
黒猪・こくちょ……(黒猪)35
御光・ごこう……(御来迎)129
こごり雲・こごりぐも……35
東風・こち……136
粉雪・こなゆき……98
小糠雨・こぬかあめ……73
小春日和・こはるびより……161
五風十雨・ごふうじゅうう……157
御来迎・ごらいごう……129
御来光・ごらいこう……(御来迎)129
強東風・こわごち……(東風)136
【さ】彩雲・さいうん……127
細氷・さいひょう……110
洒涙雨・さいるいう……(洗車雨)85
棹雲・さおぐも……(雲の帯)39
狭霧・さぎり……(霧)93
桜ごち・さくらごち……(東風)136
桜真風・さくらまじ……(真風)142
細雪・ささめゆき……102
山茶花梅雨・さざんかづゆ……88
山茶花日和・さざんかびより……(山茶花梅雨)88
五月雲・さつきぐも……59
五月晴れ・さつきばれ……77
五月闇・さつきやみ……(五月雨)77
雑節・ざっせつ……182
日照雨・さばえ……(肘かさ雨)79
鯖雲・さばぐも……34
五月雨・さみだれ……77
莢雲・さやぐも……51
小夜時雨・さよしぐれ……(村時雨)88
粗目雪・ざらめゆき……99
さわひこめ……(霜)116
鰆ごち・さわらごち……(東風)136
三寒四温・さんかんしおん……163
残暑・ざんしょ……160
残雪・ざんせつ……108
サンダー・スコール……(スコール)142
【し】地雨・じあめ……72
紫雲・しうん……(彩雲)127
ジェット雲・ジェットぐも……30
時雨・しぐれ……88
至軽風・しけいふう……148
四国三郎・しこくさぶろう……(入道雲の方言)42
垂雪・しずりゆき……104
疾強風・しっきょうふう……149
疾風・しっぷう……149
信濃太郎・しなのたろう……(入道雲の方言)42
篠突く雨・しのつくあめ……79
篠の小吹雪・しののおふぶき……(篠突く雨)79
東雲・しののめ……122
篠を乱す・しのをみだす……(篠突く雨)79
繁雨・しばあめ……(村雨)79
地吹雪・じふぶき……102
風巻・しまき……144
締雪・しまりゆき……99
霜・しも……116
霜穴・しもあな……(霜道)116
霜だたみ・しもだたみ……(霜)116
霜凪・しもなぎ……(忘れ霜)117
霜の声・しものこえ……(霜)116
霜柱・しもばしら……117
霜華・しもばな……116
霜日・しもび……(冬日)163
霜日和・しもびより……(忘れ霜)117
霜道・しもみち……116
社日・しゃにち……183
驟雨・しゅうう……72
十月夏・じゅうがつなつ……(小春日和)161
集中豪雨・しゅうちゅうごうう……(梅雨の中休み)78
秋分・しゅうぶん……175
秋霖・しゅうりん……85
樹霜・じゅそう……111
主虹・しゅにじ……(二本の虹)128
樹氷・じゅひょう……111
春分・しゅんぶん……167
春霖・しゅんりん……74
小寒・しょうかん……179
小暑・しょうしょ……171
小雪・しょうせつ……178
小満・しょうまん……170
消滅飛行機雲・しょうめつひこうきぐも……43
処暑・しょしょ……174
不知火・しらぬい……132

鉄床雲・かなとこぐも……20
鎌鼬・かまいたち……147
鎌風・かまかぜ……(鎌鼬)147
神鳴・かみなり……84
雷雲・かみなりぐも……(入道雲の方言)42
神の使いの羊・かみのつかいのひつじ……(羊雲)34
神渡・かみわたし……(御神渡り)112
冠雪・かむりゆき……104
空風・からっかぜ……145
乾風・からっかぜ……(空風)145
涸風・からっかぜ……(空風)145
空梅雨・からつゆ……78
雁渡し・かりわたし……144
川霧・かわぎり……94
寒・かん……(小寒)179
甘雨・かんう……(翠雨)75
寒雲・かんうん……(凍雲)58
寒九の雨・かんくのあめ……88
寒土用波・かんどようなみ……163
寒の内・かんのうち……(小寒)179
雁風呂・がんぶろ……155
寒露・かんろ……175
【き】喜雨・きう……84
樹雨・きさめ……88
岸雲・きしぐも……(入道雲の方言)42
北山時雨・きたやましぐれ……(時雨)88
狐の館・きつねのやかた……(竜王遊び)132
狐の嫁入り・きつねのよめいり……(肘かさ雨)79
木の芽流し・きのめながし……(流し)141
木花・きばな……(霧氷)111
鬼〈喜〉見城・きみしろ……(竜王遊び)132
キャッツ・アイ……(浪雲)31
狂雲・きょううん……59
慶雲・きょううん……(彩雲)127
強風・きょうふう……149
清川だし・きよかわだし……(出風)136
霧・きり……93
霧雲・きりぐも……38
霧雨・きりさめ……73
霧しぐれ・きりしぐれ……(山霧)94
霧状雲・きりじょううん……15
霧虹・きりにじ……(白虹)128
霧の雫・きりのしずく……(霧)93
霧の帳・きりのとばり……(霧)93
銀竹・ぎんちく……(氷柱)113
觔斗雲・きんとうん……69
【く】空中楼閣・くうちゅうろうかく……(竜王遊び)132
草の露・くさのつゆ……(露玉)92
くだり……136
颶風・ぐふう……150
雲の浮波・くものうきなみ……(雲の湊)61
雲の帯・くものおび……39
雲の通路・くものかよいじ……62
雲の種・くものしゅ……13
雲の堤・くものつつみ……(疾風雲)45
雲の波・くものなみ……61
雲の波路・くものなみじ……(雲の湊)61
雲の根・くものね……45
雲の林・くものはやし……62
雲の副変種・くものふくへんしゅ……20
雲の変種・くものへんしゅ……17
雲の澪・くものみお……62
雲の湊・くものみなと……61
雲の峰・くものみね……42
雲の類・くものるい……10
曇り雲・くもりぐも……(層積雲)11
くらげ雲・くらげぐも……51
黒猪・くろっちょ……35
黒南風・くろはえ……(南風)142
薫風・くんぷう……140
【け】景雲・けいうん……(彩雲)127
蛍雪・けいせつ……(雪明り)106
啓蟄・けいちつ……167
軽風・けいふう……148
夏至・げし……171
結露・けつろ……92
巻雲・けんうん……10
幻日・げんじつ……126
巻積雲・けんせきうん……10
巻層雲・けんそううん……10
【こ】豪雨・ごうう……(雨)72
行雲・こううん……68
黄雲・こううん……68
光冠・こうかん……127
光環・こうかん……(光冠)127
黄砂・こうさ……(霾)155
降水雲・こうすいうん……21
高積雲・こうせきうん……11
高層雲・こうそううん……11
五雲・ごうん……(彩雲)127

嵐の底・あらしのそこ ……………………(嵐)144
荒南風・あらはえ………………………(南風)142
霰・あられ ……………………………………110
有明・ありあけ…………………………(曙)122
荒仕舞い・あれじまい …………(比良の八荒)137
あわ …………………………………(雪崩)106
泡雲・あわぐも ………………………………31
沫雪・あわゆき………………………………103
淡雪・あわゆき…………………………(沫雪)103
【い】和泉小次郎・いずみこじろう …(入道雲の方言)42
颱雲・いたちぐも………………(入道雲の方言)42
一発雷・いっぱつらい ………………(雪起し)106
凍雲・いてぐも ………………………………58
糸遊・いとゆう…………………………(陽炎)133
いなさ…………………………………………143
いぬいだし…………………………(出風)136
猪の子雲・いのこぐも…………………………56
入日の御光・いりひのごこう …………………132
色なき風・いろなきかぜ………………(風の色)147
岩雲・いわぐも ………………(入道雲の方言)42
鰯雲・いわしぐも………………………………32
岩茸雲・いわたけぐも …………(入道雲の方言)42
石見太郎・いわみたろう ………(入道雲の方言)42
陰々・いんいん ………………………(陰雲)59
陰雨・いんう……………………………(陰雲)59
陰雲・いんうん ………………………………59
インディアン・サマー …………………………162
【う】ヴェール雲・ヴェールぐも ……………………22
浮雲・うきぐも…………………………………63
雨水・うすい …………………………………166
薄雲・うすぐも …………………………………33
内暈・うちがさ………………………………(暈)126
雨滴・うてき ……………………………………73
畝雲・うねぐも …………………………………37
卯の花腐し・うのはなくたし……………………76
卯の花曇・うのはなぐもり …………(卯の花腐し)76
雨氷・うひょう …………………………………110
馬形・うまんかた ……………(入道雲の方言)42
海霧・うみぎり …………………………………94
梅ごち・うめごち ……………………(東風)136
梅若の涙雨・うめわかのなみだあめ………………75
鵝毛大雪・ウモウタイシュエ ……………(綿雪)98
裏御光・うらごこう ……………………………132
鱗雲・うろこぐも ………………………………32
うわんぼう ……………………………(雪崩)106
雲海・うんかい …………………………………54
黴雲・うんきゅうぐも ……………(入道雲の方言)42
雲堤・うんてい …………………………………45
【え】海老の尻尾・えびのしっぽ ……………(樹氷)111
襟巻雲・えりまきぐも …………………………43
炎暑・えんしょ ………………………(油照り)160
遠雷・えんらい ………………………(雪起し)106
【お】追風・おいかぜ ……………………………(真艫)137
追手・おいて ………………………………(真艫)137
黄金の羊・おうごんのひつじ ……………(羊雲)34
大雨・おおあめ …………………………………(雨)72
送り梅雨・おくりづゆ …………………………78
遅霜・おそじも………………………(忘れ霜)117
鬼北・おにきた…………………………(玉風)145
帯状巻雲・おびじょうけんうん …………(雲の帯)39
朧・おぼろ………………………………………95
朧雲・おぼろぐも ………………………………35
朧月夜・おぼろづきよ……………………………(朧)95
御神渡り・おみわたり …………………………112
御山洗い・おやまあらい…………………………85
颪・おろし ……………………………………145
大蛇雲・おろちぐも ………………(山かつら)38
オーロラ ………………………………………133
【か】海市・かいし …………………(竜王遊び)132
海氷・かいひょう ………………………………113
凱風・がいふう …………………………………141
貝寄風・かいよせ ………………………………137
貝楼・かいろう…………………………(竜王遊び)132
返り梅雨・かえりづゆ ……………(戻り梅雨)78
鉤状雲・かぎじょううん …………………………13
陽炎・かげろう…………………………………133
暈・かさ ………………………………………126
風鬼・かざおに …………………………(鎌颱)147
笠雲・かさぐも …………………………………50
風花・かざばな…………………………………98
嵩張り雲・かさばりぐも …………………………37
傘鉾雲・かさほこぐも……………………………58
花信風・かしんふう ……………………………141
上総入道・かずさにゅうどう ……(入道雲の方言)42
霞・かすみ ………………………………………95
風光る・かぜひかる ……………………………137
風の色・かぜのいろ……………………………147
風の伯爵夫人・かぜのはくしゃくふじん……………51
片時雨・かたしぐれ ……………………(村時雨)88
かつぎ……………………………………………43

『空の名前』索引

※ここでは、個々に解説を設けて紹介した項目名の他に、解説文中に太字で記した言葉も取り上げています。
※文中に出てくる言葉に関しては、(　) 内にその言葉が登場する項目名を記しています。

【あ】青嵐・あおあらし……141
青北風・あおぎた……(雁渡し)144
青空・あおぞら……122
赤城おろし・あかぎおろし……(颪)145
暁・あかつき……(曙)122
茜・あかね……123
茜雲・あかねぐも……(茜)123
茜空・あかねぞら……(茜)123
秋霞・あきがすみ……(霞)95
秋雨・あきさめ……(秋霖)85
秋の長雨・あきのながあめ……(秋霖)85
曙・あけぼの……122
朝顔雲・あさがおぐも……(鉄床雲)20
朝霧・あさぎり……(霧)93
朝時雨・あさしぐれ……(村時雨)88
朝ぼらけ・あさぼらけ……(曙)122
朝まだき・あさまだき……(曙)122
朝焼け・あさやけ……125
徒雲・あだぐも……63
アーチ雲・アーチぐも……21
あなし……(乾風)145
乾風・あなじ……145
乾風の八日吹き・あなじのようかぶき……(乾風)145
あなせ……(乾風)145
あばた雲・あばたぐも……31
油照り・あぶらでり……160
油真風・あぶらまじ……(真風)142
雨雲・あまぐも……37
雨乞・あまごい……84
雨垂・あまだれ……(雨滴)73
雨垂落・あまだれおち……(雨滴)73
雨・あめ……72
あめごち……(東風)136
怪雨・あやしきあめ……89
東の風・あゆのかぜ……136
荒川だし・あらかわだし……(出風)136
嵐・あらし……144
嵐の上・あらしのうえ……(嵐)144
嵐の奥・あらしのおく……(嵐)144
嵐の末・あらしのすえ……(嵐)144

あとがき……高橋健司

日本は季節変化の大きい国です。冬は寒さが厳しく、特に日本海側の地方は世界でも有数の豪雪地帯になるのに、夏は熱帯並の蒸し暑さになります。冬と夏の間には春と秋があって、四季は一年で一巡りをし、この間には台風がやってきたり集中豪雨が起きたりと、大きな災害が発生することもあります。畑を耕すにしろ、海へ漁に出るにしろ、天気を無視することはできません。

しかし古い時代は、自分自身で将来の天気を判断しなければなりませんでした。そのために、人々は真剣に空を眺め、風の動きを読み、雨の匂いを感じとってきたに違いありません。

一方、季節の変化に応じて豊かに彩られる自然の情景は、和歌や俳句に詠まれ、文章に綴られてきました。雨や風にさえ多くの名前があるのは、天気に対する関心の高さの表れではないでしょうか。

これらの天気や季節に関わる名前を調べている内に、自分なりの自然風景が見えるようになってきました。それまでは美しい風景は大自然の中にあると思っていました。ところが被写体は身の回りに幾らでもあったのです。以来、道端の季節の移ろいを記録するようになりました。近所の原っぱで朝露を撮ったこともあれば、都心の駅ビルの屋上で入道雲を撮ったこともあります。自分の居る場所の総てがスタジオなのです。

本に纏めるに際しては、写真だけでなく季節や天気に関わる名前や解説も添えることにしました。名前は歳時記や古典文学を始め、多くの書籍から学びましたが、選択基準は設けず、私の独断と偏見に依りました。それぞれの写真と名前は、イメージで繋がるようにしたつもりです。

また、写真は、いわば私の道草の記録であり、押しつけの季節感であるかもしれません。しかし蜃気楼等、一部を除けば、殆どは身近で見ることの出来る現象です。

雲も、待っていれば次々に現れます。晴れた日は、綿雲がのんびりと空を流れますし、嵐の前には不気味な雲が駆け抜けていきます。

自然からは多くのメッセージが届いています。是非それを受け取っていただきたいと思います。

平成十一年十一月

31頁・浪雲、35頁・朧雲、123頁・夕映え、126頁・内暈の各写真の掲載にあたっては、金の星社（「あめはどうしてふるの」串田孫一・文　高橋健司・写真）の協力を得ました。

空 SORA の NO 名 NA 前 MAE

高橋健司 たかはしけんじ

1946年、京都府宇治市生まれ。1965年より財団法人日本気象協会勤務。1996年同財団を退き、現在㈲空色通信代表。㈳日本写真家協会会員。日本自然科学写真協会会員

著書

「風と光と雲の言葉」講談社
「雲造形美の共演」 誠文堂新光社
「雲の名前の手帳」 ブティック社
「雲 2造形美の共演」誠文堂新光社
ほか、多数

初版発行 1999年12月10日
改訂版七版発行 2008年10月25日

写真・文 高橋健司
発行者 井上伸一郎
発行所 株式会社角川書店
〒102-8078 東京都千代田区富士見2-13-3
Phone：編集▶03-3238-8555
発売元 株式会社角川グループパブリッシング
〒102-8177 東京都千代田区富士見2-13-3
Phone：営業▶03-3238-8521
URL http://www.kadokawa.co.jp/
印刷・製本 凸版印刷株式会社

落丁・乱丁本はご面倒でも角川グループ受注センター読者係宛にお送りください。送料は小社負担でお取り替えいたします。

ISBN4-04-883600-5 C0072

＊本書は1992年、光琳社出版より刊行されたものです

空の名前

御来光《ごらいこう》
天使の梯子《てんしのはしご》
ヤコブの梯子《ヤコブのはしご》
雨氷《うひょう》
日の出《ひので》
霖霖《りんりん》
虎落笛《もがりぶえ》
日の入り《ひのいり》
颪《おろし》
鎌鼬《かまいたち》
狐の館《きつねのやかた》
オーロラ
風の色《かぜのいろ》
蓬莱の島《ほうらいのしま》
暈《かさ》
静穏《せいおん》
鬼(喜)見城《きみしろ》
至軽風《しけいふう》
蜃楼《しんろう》
霧の雫《きりのしずく》
軽風《けいふう》
海市《かいし》
黄砂《こうさ》
軟風《なんぷう》
貝楼《かいろう》
小暑《しょうしょ》
和風《わふう》
大暑《たいしょ》
疾風《しっぷう》
立秋《りっしゅう》
雄風
モルガナのお化け《モルガナのおばけ》
強風《きょうふう》
地鏡《ちかがみ》
白露
疾強風《しっきょうふう》
糸遊《いとゆう》
秋分《しゅうぶん》
大強風《だいきょうふう》
遊糸《ゆうし》
寒露《かんろ》
暴風《ぼうふう》
雲雀東風
烈風《れっぷう》
へばるごち
麦嵐《むぎあらし》
颶風《ぐふう》
あめごち
雁風呂《がんぶろ》
光の春《ひかりのはる》
鰆ごち《さわらごち》
大雪《たいせつ》
桜ごち《さくらごち》
冬至《とうじ》
梅ごち《うめごち》
小寒《しょうかん》
正東風《まごち》
大寒《だいかん》
強東風
雑節《ざっせつ》
余寒《よかん》
節分《せつぶん》
凱風《がいふう》
彼岸《ひがん》

雪代《ゆきしろ》
雪汁《ゆきしる》
雪渓《せっけい》
霙《みぞれ》
霰《あられ》
雹《ひょう》
氷雨《ひさめ》
台風《たいふう》
雨《あめ》
霜《しも》
曙《あけぼの》
比良の八荒《ひらのはっこう》
地雨《じあめ》
麦雨《ばくう》
雨滴《うてき》
潦《にわたずみ》
霧雨《きりさめ》
驟雨《しゅうう》
春時雨《はるしぐれ》
春雨《はるさめ》
春霖《しゅんりん》
菜種梅雨《なたねつゆ》
翠雨《すいう》

白雨《はくう》
裏御光《うらごこう》
入日の御光《いりひのごこう》
ブロッケンの妖怪《ブロッケンのようかい》
蜃気楼《しんきろう》
竜王遊び《りゅうおうあそび》
不知火《しらぬい》
逃げ水《にげみず》
篠つ
横雲《よこぐも》
雲の帯《くものおび》
綿雲《わたぐも》
積み雲《つみぐも》
座り雲《すわりぐも》
立ち雲《たちぐも》
入道雲の方言《にゅうどうぐものほうげん》
入道雲《にゅうどうぐも》
雲の峰《くものみね》
かつぎ
襟巻雲《えりまきぐも》
飛行機雲《ひこうきぐも》
卯の花曇《うのはなぐもり》
疾風雲《はやてぐも》
雲堤《うんてい》
雲の根《くものね》
山旗雲《やまはたぐも》
入日の御光《いりひのごこう》
くらげ雲《くらげぐも》
黄昏《たそがれ》

東雲《しののめ》
水まさ雲《みずまさぐも》
斑雲《まだらぐも》
薄雲《うすぐも》
鯖雲《さばぐも》
むら雲《むらくも》
朧雲《おぼろぐも》
片乱雲《へんらんうん》
黒猪《くろちょ（こくちょ）》
ここり雲
雨雲《あまぐも》
嵩張り雲
畝雲《うねぐも》
霧雲《きりぐも》
山かつら《やまかつら》
狭霧《さぎり》
雁渡し《かりわたし》
ミーニシ
霜凪《しもなぎ》
霜日《しもび》
叢雨《むらさめ》
旗雲《はたぐも》
笠雲《かさぐも》
吊し雲《つるしぐも》
風の伯爵夫人《かぜのはくしゃくふじん》
変雲
翼雲

雲海《うんかい》
滝雲《たきぐも》
爆布雲《ばくふぐも》
八重棚雲《やえたなぐも》
八雲《やくも》
蝶々雲《ちょうちょうぐも》
問答雲《もんどうぐも》
豊旗雲《とよはたぐも》
猪の子雲《いのこぐも》
傘鉾雲《かさほこぐも》
凍雲《いてぐも》
五月雲
陰雲《いんうん》
雲の波《くものなみ》
雲の湊《くものみなと》
雲の通路《くものかよいじ》
雲の澪《くものみお》
雲の林《くものはやし》
徒雲《あだぐも》
はぐれ雲《はぐれぐも》
浮雲《うきぐも》
行雲《こううん》
瑞雨《ずいう》
黄雲《こううん》
雪釣《ゆきつり》
竜巻《たつまき》
竜王《りゅうおう》
觔斗雲《きんとうん》
小満芒種《スーマンボースー》
ブラック・スコール

涅槃西風《ねはんにし》
風光る《かぜひかる》
春嵐《はるあらし》
凍露《とうろ》
春疾風《はるはやて》
旋毛風《つむじかぜ》
霜道《しもみち》
富士おろし《ふじおろし》
筑波おろし《つくばおろし》
赤城おろし《あかぎおろし》
那須おろし《なすおろし》
六甲おろし《ろっこうおろし》
大山おろし《だいせんおろし》
雪見《ゆきみ》
陽炎《かげろう》
垂雪《しずりゆき》
鰊曇《にしんぐもり》
冠雪
花冷え《はなびえ》
雪まくり《ゆきまくり》
雪吊り
細氷《さいひょう》
雪紐《ゆきひも》
筒雪《つつゆき》
霧氷《むひょう》
雪明り《ゆきあかり》
樹霜《じゅそう》
雪起し《ゆきおこし》
樹氷《じゅひょう》
鰤起し《ぶりおこし》
粗氷《そひょう》
雪下し《ゆきおろし》
氷《こおり》
雪崩《なだれ》
氷柱《つらら》
雪庇《せっぴ》
凍上《とうじょう》
雪形《ゆきがた》